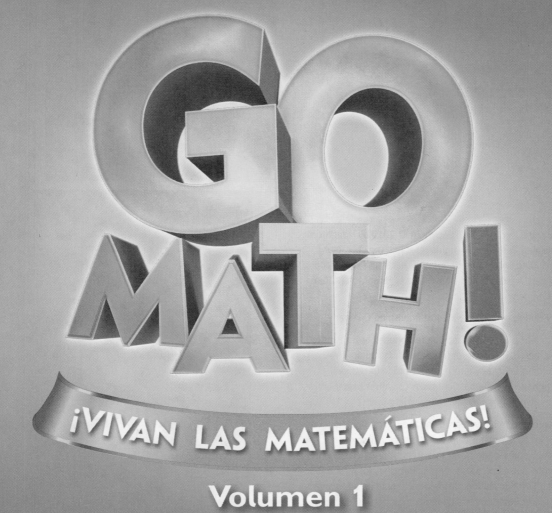

GO MATH!

¡VIVAN LAS MATEMÁTICAS!

Volumen 1

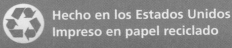

Hecho en los Estados Unidos
Impreso en papel reciclado

ISBN 978-1-328-99501-8

3 4 5 6 7 8 9 10   0877   24 23 22 21 20 19

4500746692   A B C D E F G

Estimados estudiantes y familiares:

Bienvenidos a **Go Math! ¡Vivan las matemáticas!** para kindergarten. En este estimulante programa de matemáticas, encontrarán actividades prácticas y problemas de la vida diaria que tendrán que resolver. Y lo mejor de todo es que podrán escribir sus ideas y respuestas directamente en el libro. El hecho de que puedan escribir y dibujar en las páginas, les ayudará a percibir más detalladamente lo que están aprendiendo y las matemáticas serán fáciles de entender.

También deseamos compartir con ustedes algo muy importante: se ha usado papel reciclado en la impresión de este libro. Queremos que sepan que al participar en el programa **Go Math! ¡Vivan las matemáticas!** ustedes estarán ayudando a proteger el medio ambiente.

Atentamente,
Los autores

Hecho en los Estados Unidos de América
Impreso en papel reciclado

GO MATH!

¡VIVAN LAS MATEMÁTICAS!

Autores

Juli K. Dixon, Ph.D.
Professor, Mathematics Education
University of Central Florida
Orlando, Florida

Edward B. Burger, Ph.D.
President, Southwestern University
Georgetown, Texas

Steven J. Leinwand
Principal Research Analyst
American Institutes for
    Research (AIR)
Washington, D.C.

Colaboradora

Rena Petrello
Professor, Mathematics
Moorpark College
Moorpark, California

Matthew R. Larson, Ph.D.
K-12 Curriculum Specialist for
    Mathematics
Lincoln Public Schools
Lincoln, Nebraska

Martha E. Sandoval-Martinez
Math Instructor
El Camino College
Torrance, California

Consultores de English Language Learners

Elizabeth Jiménez
CEO, GEMAS Consulting
Professional Expert on English
    Learner Education
Bilingual Education and
    Dual Language
Pomona, California

Presentación del Capítulo 4

En este capítulo, vas a explorar y descubrir las respuestas a las siguientes **Preguntas esenciales**:

• ¿Cómo muestras y comparas los números hasta el 10?
• ¿Cómo cuentas hacia adelante hasta el 10?
• ¿Cómo muestras los números del 1 al 10?
• ¿Cómo hacer un modelo te ayuda a comparar dos números?

Presentación del Capítulo 5

En este capítulo, explorarás y descubrirás las respuestas a las siguientes **Preguntas esenciales:**

• ¿Cómo mostramos la suma?
• ¿Cómo nos pueden ayudar los objetos o los dibujos a mostrar la suma?
• ¿Cómo puedes usar números y signos para mostrar la suma?

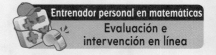

Entrenador personal en matemáticas
Evaluación e intervención en línea

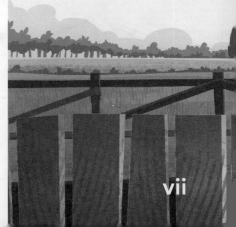

En este capítulo, explorarás y descubrirás las respuestas a las siguientes **Preguntas esenciales:**

- ¿Cómo muestras la resta?
- ¿Cómo puedes usar números y signos para mostrar un enunciado de resta?
- ¿Cómo te ayudan los objetos y los dibujos a resolver problemas?
- ¿Cómo te ayuda "representar" a resolver problemas de resta?
- ¿Cómo te ayuda la suma a resolver problemas resta?

Entrenador personal en matemáticas
Evaluación e intervención en línea

Ovejas y patos

Presentación del Capítulo 7

En este capítulo, explorarás y descubrirás las respuestas a las siguientes **Preguntas esenciales:**
- ¿Cómo muestras, cuentas y escribes los números del 11 al 19?
- ¿Cómo muestras los números del 11 al 19?
- ¿Cómo lees y escribes los números del 11 al 19?
- ¿Cómo puedes mostrar los números del 13 al 19 como 10 y algunos más?

Presentación del Capítulo 8

En este capítulo, explorarás y descubrirás las respuestas a las siguientes **Preguntas esenciales:**
- ¿Cómo muestras, cuentas y escribes los números hasta el 20 y más?
- ¿Cómo muestras y cuentas los números hasta 20?
- ¿Cómo puedes contar los números hasta 50 de unidad en unidad?
- ¿Cómo puedes contar los números hasta 100 de decena en decena?

Presentación del Capítulo 9

En este capítulo, explorarás y descubrirás las respuestas a las siguientes **Preguntas esenciales:**

- ¿Cómo podemos identificar, nombrar y describir figuras bidimensionales?

- ¿Cómo te ayuda a juntar figuras el hecho de conocer las partes de las figuras bidimensionales?

- ¿Cómo te ayuda a identificar figuras el hecho de conocer los lados y los vértices de las figuras bidimensionales?

Entrenador personal en matemáticas
Evaluación e intervención en línea

VOLUMEN 2
Geometría y posiciones

La gran idea Identificar, nombrar y describir figuras bidimensionales y tridimensionales. Describir la posición de objetos en el espacio.

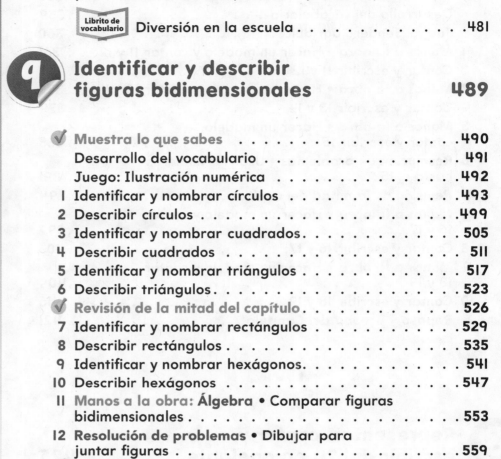

Identificar y describir figuras tridimensionales 569

Presentación del Capítulo 10

En este capítulo, explorarás y descubrirás las respuestas a las siguientes **Preguntas esenciales:**

• ¿Cómo identificar y describir figuras te ayuda a ordenarlas?

• ¿Cómo puedes describir las figuras tridimensionales?

• ¿Cómo puedes organizar las figuras tridimensionales?

Práctica y tarea

Repaso de la lección y Repaso en espiral en cada lección

Presentación del Capítulo 11

En este capítulo, explorarás y descubrirás las respuestas a las siguientes **Preguntas esenciales:**

• ¿Cómo comparar objetos te ayuda a medirlos?

• ¿Cómo comparas la longitud de los objetos?

• ¿Cómo comparas la altura de los objetos?

• ¿Cómo comparas el peso de los objetos?

Presentación del Capítulo 12

En este capítulo, explorarás y descubrirás las respuestas a las siguientes **Preguntas esenciales:**

• ¿Cómo ordenar te puede ayudar a mostrar información?

• ¿Cómo ordenas y clasificas objetos por su color?

• ¿Cómo ordenas y clasificas objetos por su forma?

• ¿Cómo ordenas y clasificas objetos por su tamaño?

• ¿Cómo muestras información en una gráfica?

Medición y datos

La gran idea Desarrollar una comprensión conceptual de la medición y de los datos. Clasificar y contar según el color, la forma y el tamaño.

¡Festival de otoño!

escrito por Alison Juliano

LA GRAN IDEA Representar, contar, escribir, ordenar y comparar números enteros hasta 20. Desarrollar una comprensión conceptual de suma y resta hasta 10. Contar hasta 100 de unidad en unidad y de decena en decena.

¡Llegó el otoño! ¿Qué ves?

Un gran manzano es.

Ciencias

¿Qué estación es?

¡Llegó el otoño! ¿Qué ves allí?

Dos calabazas para ti y para mí.

Ciencias

¿Qué sabes del otoño?

¡Llegó el otoño! ¿Qué ves?

Son fardos de heno ¡1, 2, 3!

Ciencias

¿Qué ropa se usa en el otoño?

¡Llegó el otoño! ¿Qué ves?

Cuatro hojas que caen a la vez.

Ciencias

¿Qué cambia en el otoño?

¡Llegó el otoño! ¿Qué ves allí?

Cinco tallos de maíz. ¿Me ves a mí?

Ciencias

¿Qué diferencia hay entre el otoño y las otras estaciones?

Nombre _____

Escribe sobre el cuento

Repaso del vocabulario

uno	cuatro
dos	cinco
tres	

INSTRUCCIONES Mira la ilustración del otoño. Con los números que aprendiste, dibuja un cuento sobre el otoño. Invita a un amigo a contar los objetos de tu cuento.

siete **7**

Cuenta cuántos hay

1 2 3 4 5

1 2 3 4 5

1 2 3 4 5

1 2 3 4 5

1 2 3 4 5

INSTRUCCIONES **1–5.** Mira la ilustración. Cuenta cuántos hay. Encierra el número en un círculo.

8 ocho

Capítulo 1

Representar, contar y escribir números del 0 al 5

Aprendo más con
Jorge el Curioso

Las naranjas navel no tienen semillas.

- ¿Cuántas semillas ves?

Nombre _____

 **Muestra lo que sabes**

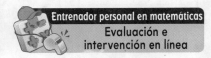
Entrenador personal en matemáticas
Evaluación e intervención en línea

Explora los números

Empareja números con conjuntos

1   2   3   4   5

Esta página es para comprobar la comprensión de las destrezas importantes que se necesitan para tener éxito con el Capítulo I.

INSTRUCCIONES 1. Encierra en un círculo los conjuntos de tres naranjas.
2. Dibuja una línea para emparejar el número con el conjunto.

 © Houghton Mifflin Harcourt Publishing Company

10 diez

Desarrollo del vocabulario

emparejar

conjunto

INSTRUCCIONES I. Dibuja una línea para emparejar
un conjunto de pollitos con un conjunto de flores.

APRENDE EN
LÍNEA

• **Libro interactivo del estudiante**
• **Glosario multimedia**

Juego · Parada de autobús

INSTRUCCIONES Cada jugador lanza el cubo numerado. El primer jugador que saque un I se mueve hasta la parada de autobús marcada con el I. Sigan jugando hasta que cada jugador haya sacado los números en secuencia y se haya parado en cada parada de autobús. El primer jugador que llegue al 5 gana el juego.

MATERIALES una ficha para cada jugador, cubo numerado del 0 al 5

Vocabulario del Capítulo 1

cero, ninguno

zero

8

cinco

five

11

cuatro

four

18

dos

two

35

emparejar

match

37

más

more

49

más grande

larger

53

menos

fewer

59

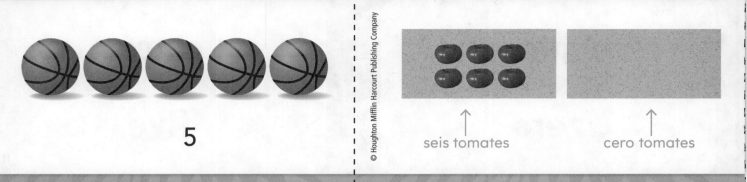

5

seis tomates

cero tomates

2

4

← **más**

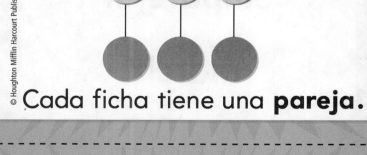

Cada ficha tiene una **pareja.**

3 aves **menos**

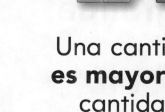

Una cantidad de 3
es mayor que una
cantidad de 2.

Vocabulario del Capítulo 2

comparar

compare

15

el mismo número

same number

36

emparejar

match

37

más

more

49

mayor

greater

57

menor, menos

less

58

menos

fewer

59

uno

one

81

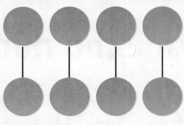

El mismo número de fichas rojas en cada fila

El número de fichas azules se **compara** igualmente al número de fichas rojas.

2 hojas **más**

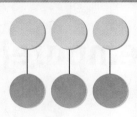

Cada ficha tiene una **pareja**.

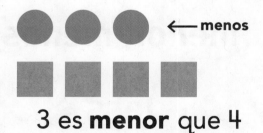

← menos

3 es **menor** que 4

6

9

9 es **mayor** que 6

1

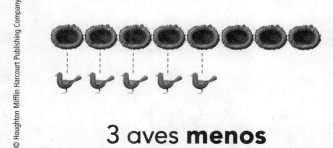

3 aves **menos**

Números en palabras

uno

dos

tres

cuatro

cinco

cero

empareja

y  y
3

INSTRUCCIONES Di cada palabra. Di algo que sepas de la palabra.

Capítulo 1

doce 12A

Juego

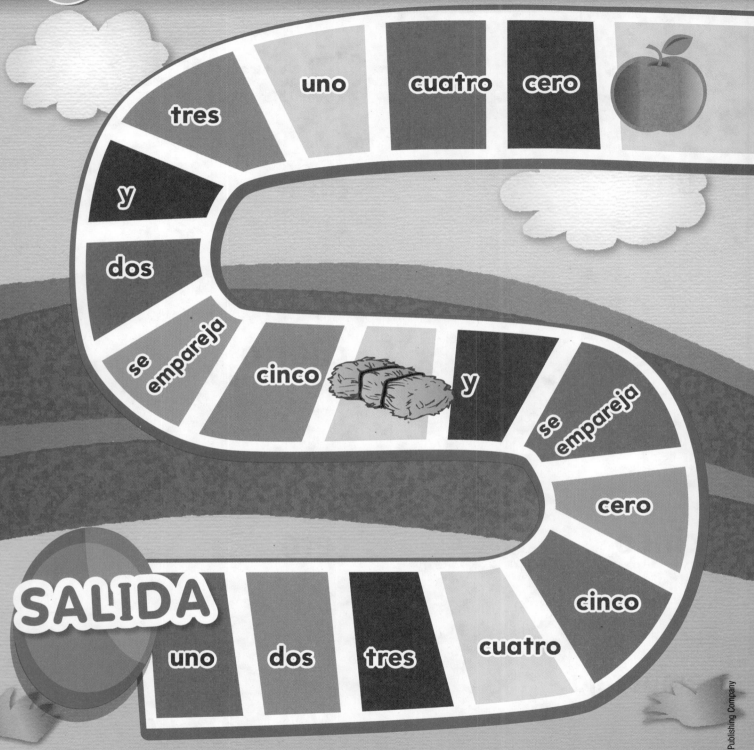

INSTRUCCIONES Baraja todas las tarjetas y apílalas boca abajo. Jueguen en parejas. Coloquen las fichas de juego en SALIDA. Túrnense para elegir una tarjeta y mover las fichas de juego hacia el primer espacio que tenga esa palabra o dibujo. Si un jugador puede explicar esa palabra o dibujo, ese jugador avanza 1 espacio. Regresen la tarjeta al fondo de la pila. Gana el primer jugador que llegue a la META.

MATERIALES 1 cubo interconectable para cada jugador • 3 juegos de Tarjetas de vocabulario • 1 juego de Tarjetas de dibujos

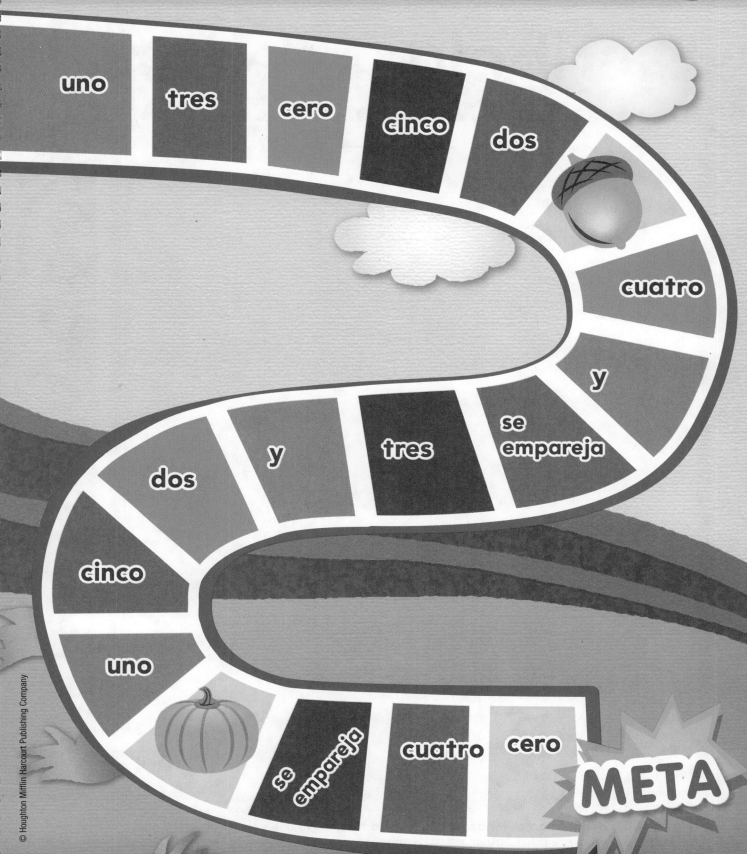

uno

tres

cero

cinco

dos

cuatro

y

se empareja

tres

y

dos

cinco

uno

se empareja

cuatro

cero

META

Escríbelo

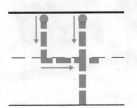

INSTRUCCIONES Traza el 4. Haz un dibujo para mostrar lo que sabes sobre el 4.
Reflexiona Prepárate para hablar de tu dibujo.

Nombre _____

Representar y contar 1 y 2

Pregunta esencial ¿Cómo muestras y cuentas 1 y 2 con objetos?

Objetivo de aprendizaje Dirás los nombres de los números en orden estándar al mostrar y contar 1 y 2 con objetos.

Escucha y dibuja En el mundo Manos a la obra

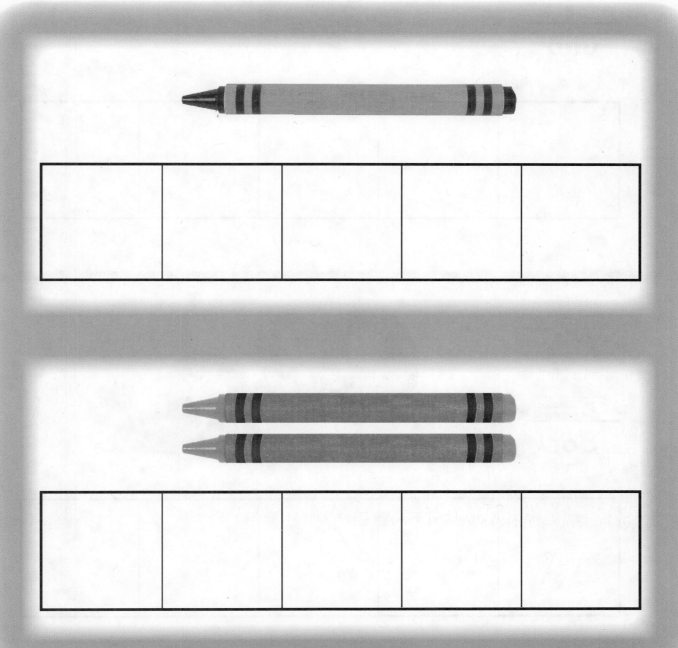

INSTRUCCIONES Pon una ficha en cada objeto del conjunto a medida que los cuentas. Mueve las fichas al cuadro de cinco. Dibuja las fichas.

1

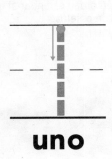

uno

2

dos

INSTRUCCIONES 1–2. Pon una ficha en cada objeto del conjunto a medida que los cuentas. Di cuántas fichas hay. Traza el número. Mueve las fichas al cuadro de cinco. Dibuja las fichas.

3 ✓

1

uno

2

dos

5

1

uno

6

2

dos

INSTRUCCIONES **3–6.** Di el número. Cuenta esa cantidad de fichas en el cuadro de cinco. Dibuja las fichas.

© Houghton Mifflin Harcourt Publishing Company

Resolución de problemas • Aplicaciones   En el mundo

ESCRIBE

7

8

9

INSTRUCCIONES   7. Jen tiene 2 fiambreras iguales. Max tiene I fiambrera. Encierra en un círculo las fiambreras de Jen.   **8.** Dibuja para mostrar lo que sabes sobre el número I.   **9.** Dibuja para mostrar lo que sabes sobre el número 2. Dile a un amigo sobre tus dibujos.

ACTIVIDAD PARA LA CASA • Pida a su niño que muestre un conjunto que tenga uno o dos objetos, como libros o botones. Pídale que señale cada objeto a medida que los cuenta para saber cuántos hay en el conjunto.

Representar y contar 1 y 2

Objetivo de aprendizaje Dirás los nombres de los números en orden estándar al mostrar y contar 1 y 2 con objetos.

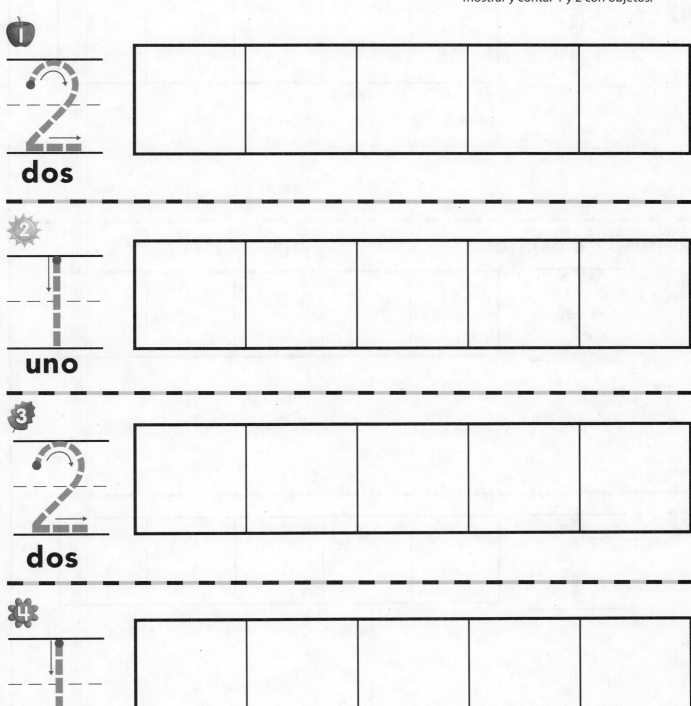

INSTRUCCIONES 1–4. Di el número. Cuenta cuántas fichas hay en el cuadro de cinco. Dibuja las fichas.

Repaso de la lección

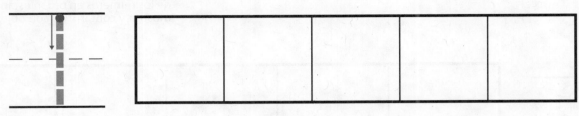

Repaso en espiral

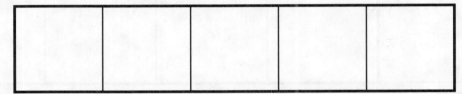

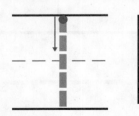

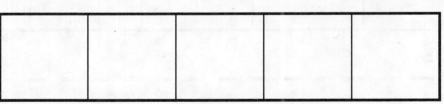

INSTRUCCIONES   1–3. Traza el número. ¿Cuántas fichas pondrías en el cuadro de cinco para mostrar el número? Dibuja las fichas.

PRACTICA MÁS CON EL
Entrenador personal en matemáticas

Nombre _____

Contar y escribir 1 y 2

Pregunta esencial ¿Cómo cuentas y escribes 1 y 2 con palabras y números?

Objetivo de aprendizaje Contarás los números 1 y 2 y los escribirás en palabras y con números enteros.

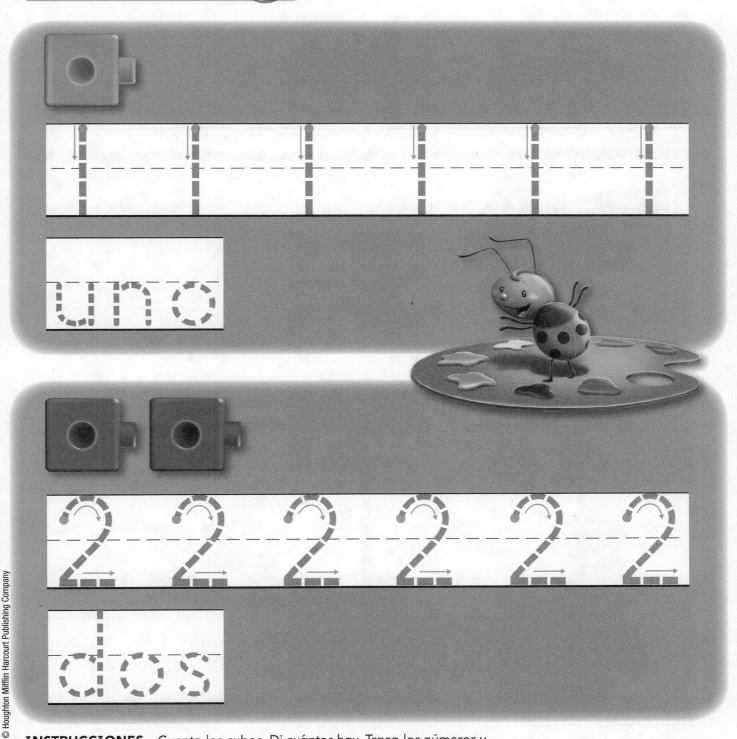

Escucha y dibuja *En el mundo*

INSTRUCCIONES Cuenta los cubos. Di cuántos hay. Traza los números y las palabras.

Capítulo 1 • Lección 2

diecinueve **19**

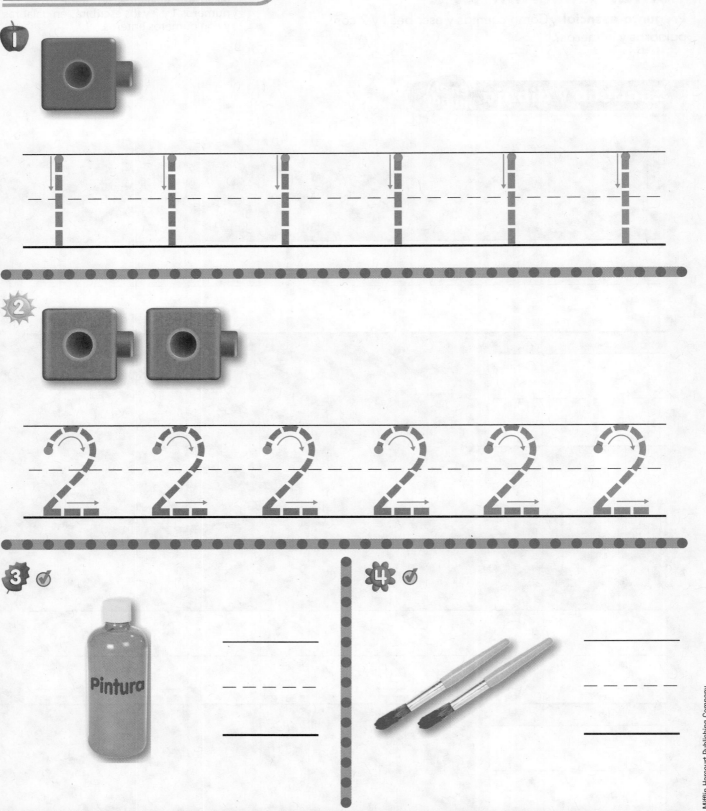

INSTRUCCIONES 1–2. Cuenta los cubos. Di el número. Traza los números. 3–4. Cuenta y di cuántos hay. Escribe el número.

Nombre ____________________

5

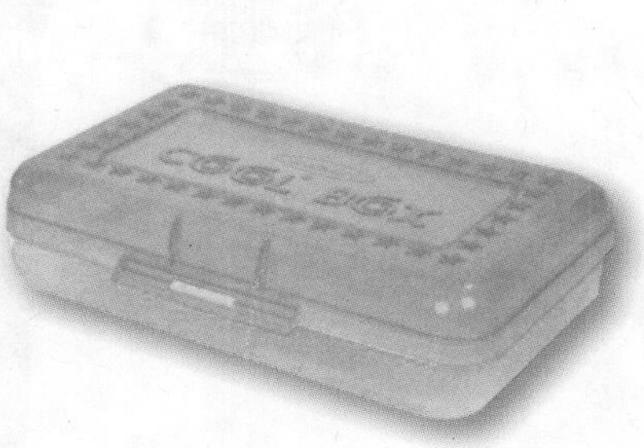

6

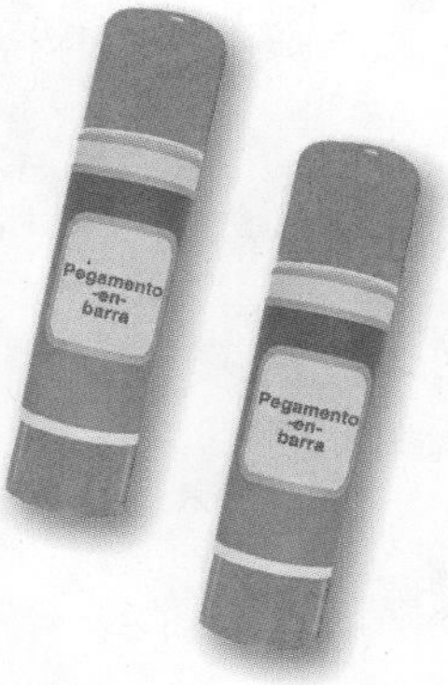

7

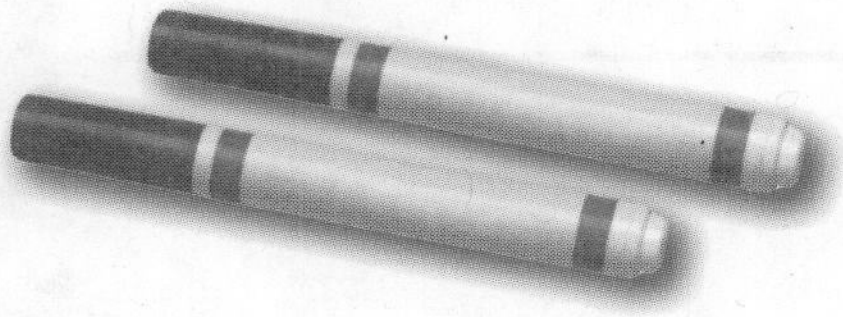

8

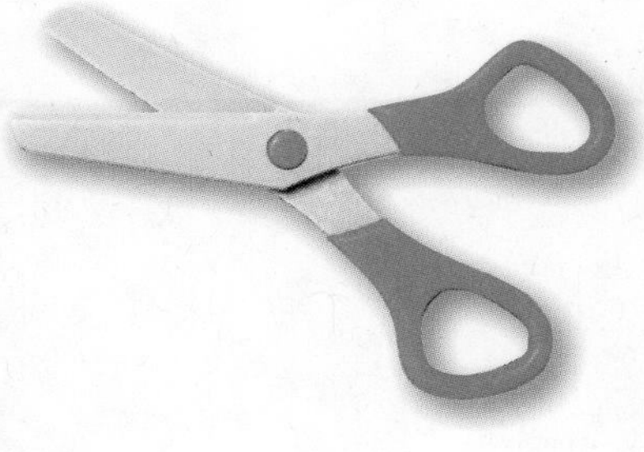

9

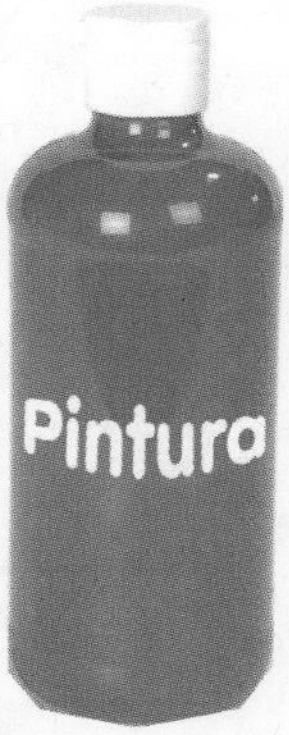

10

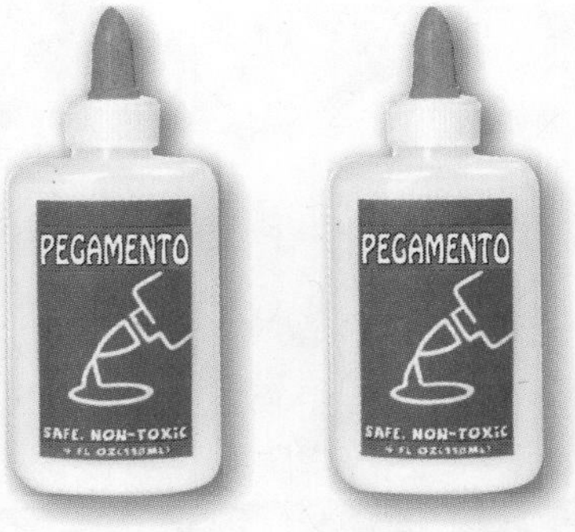

INSTRUCCIONES 5–10. Cuenta y di cuántos hay. Escribe el número.

Resolución de problemas • Aplicaciones

_____

_ _ _ _ _

_____

_____

_ _ _ _ _

_____

INSTRUCCIONES 11. Dibuja para mostrar lo que sabes sobre los números 1 y 2. Escribe el número junto a cada dibujo. Cuéntale a un amigo sobre tus dibujos.

ACTIVIDAD PARA LA CASA • Pida a su niño que escriba el número 1 en una hoja de papel. Luego pídale que busque un objeto que represente ese número. Repita con objetos para el número 2.

Contar y escribir 1 y 2

Objetivo de aprendizaje Contarás los números 1 y 2 y los escribirás en palabras y con números enteros.

 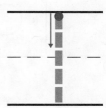

 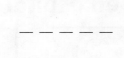

 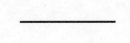

INSTRUCCIONES **1–4.** Cuenta y di cuántos hay. Escribe el número.

Repaso de la lección

Repaso en espiral

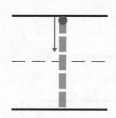 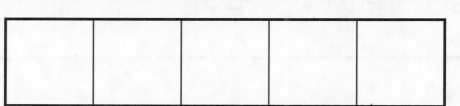

INSTRUCCIONES   I. Cuenta y di cuántos cubos hay. Escribe el número.   **2–3.** Traza el número. ¿Cuántas fichas pondrías en el cuadro de cinco para mostrar el número? Dibuja las fichas.

24 veinticuatro

PRACTICA MÁS CON EL
Entrenador personal
en matemáticas

Nombre _____

Representar y contar 3 y 4

Pregunta esencial ¿Cómo muestras y cuentas 3 y 4 con objetos?

Objetivo de aprendizaje Dirás los nombres de los números en orden estándar al mostrar y contar 3 y 4 con objetos.

Escucha y dibuja *En el mundo*

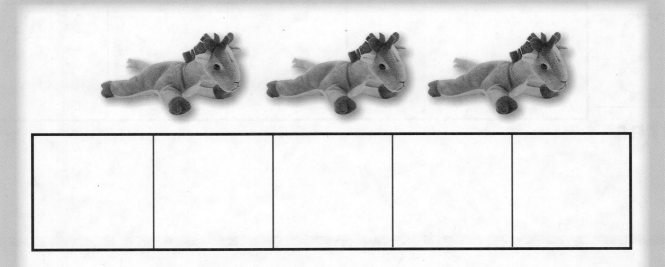

INSTRUCCIONES Pon una ficha en cada objeto del conjunto a medida que los cuentas. Mueve las fichas al cuadro de cinco. Dibuja las fichas.

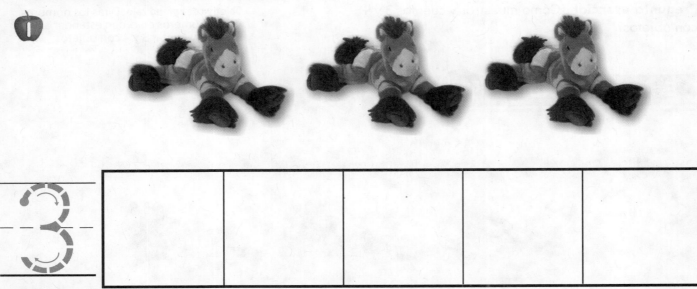

1

3
tres

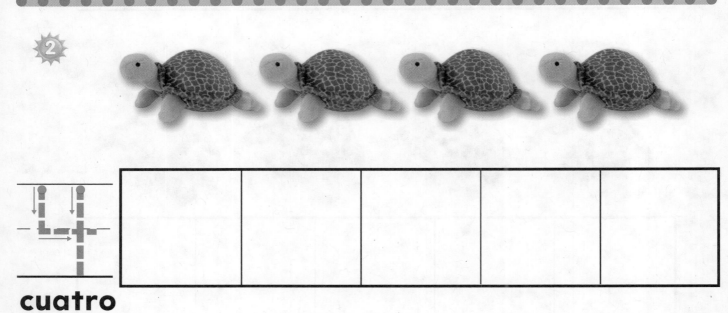

2

4
cuatro

INSTRUCCIONES 1–2. Pon una ficha en cada objeto del conjunto a medida que los cuentas. Di cuántas fichas hay. Traza el número. Mueve las fichas al cuadro de cinco. Dibuja las fichas.

26 veintiséis

3 ✓

3

tres

4 ✓

4

cuatro

5

4

cuatro

6

3

tres

INSTRUCCIONES   3–6. Di el número mientras lo trazas. Cuenta esa cantidad de fichas en el cuadro de cinco. Dibuja las fichas.

Resolución de problemas • Aplicaciones En el mundo

ESCRIBE

7

8

9

INSTRUCCIONES 7. Lukas tiene 3 peluches iguales. Jon tiene un mayor número de peluches iguales que Lukas. Encierra en un círculo los peluches de Jon. **8.** Dibuja para mostrar lo que sabes del número 3. **9.** Dibuja para mostrar lo que sabes del número 4. Di a un amigo sobre tus dibujos.

ACTIVIDAD PARA LA CASA • Dibuje un cuadro de cinco o recorte un cartón de huevos de manera que le queden cinco secciones. Pida a su niño que muestre un conjunto de hasta cuatro objetos y que ponga los objetos en el cuadro de cinco.

Representar y contar 3 y 4

Objetivo de aprendizaje Dirás los nombres de los números en orden estándar al mostrar y contar 3 y 4 con objetos.

1

3

tres

2

4

cuatro

3

3

tres

4

4

cuatro

INSTRUCCIONES 1–4. Di el número mientras lo trazas.
Cuenta esa cantidad en el cuadro de cinco. Dibuja las fichas.

Repaso de la lección

Repaso en espiral

 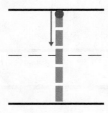 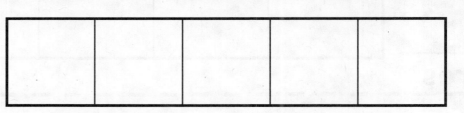

INSTRUCCIONES **I.** Traza el número. ¿Cuántas fichas pondrías en el cuadro de cinco para mostrar el número? Dibuja las fichas. **2.** Cuenta y di cuántos paraguas hay. Escribe el número. **3.** Traza el número. ¿Cuántas fichas pondrías en el cuadro de cinco para mostrar el número? Dibuja las fichas.

PRACTICA MÁS CON EL
Entrenador personal
en matemáticas

Nombre _____

Contar y escribir 3 y 4

Pregunta esencial ¿Cómo cuentas y escribes
3 y 4 con palabras y números?

Objetivo de aprendizaje Contarás los números 3 y 4
y los escribirás en palabras y con números enteros.

Escucha y dibuja En el mundo

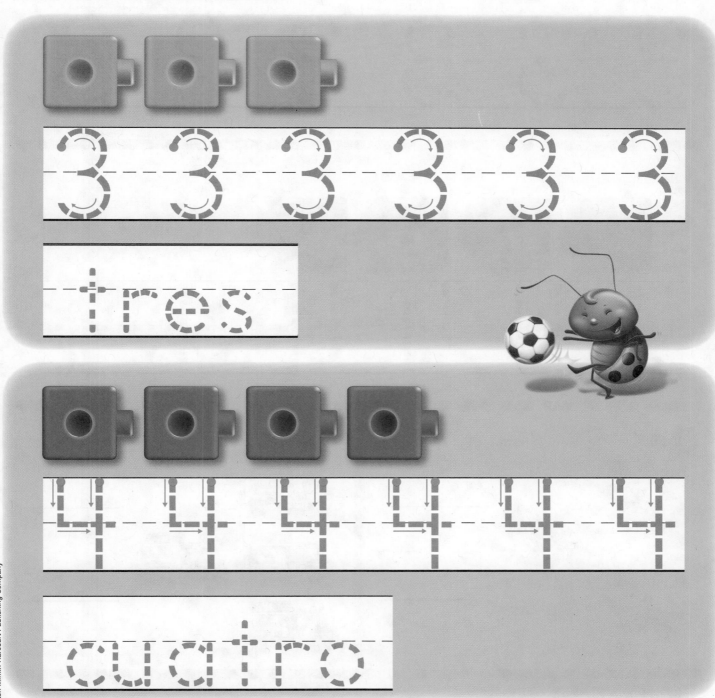

INSTRUCCIONES Cuenta los cubos. Di cuántos hay. Traza los
números y las palabras.

Capítulo 1 • Lección 4

1

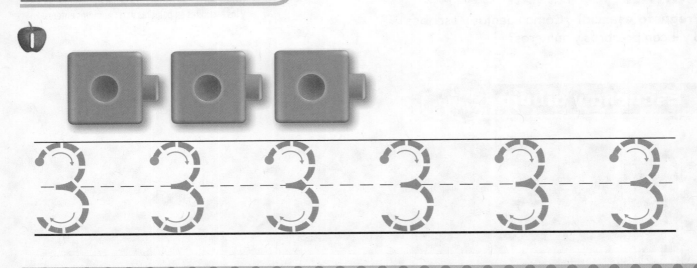

2

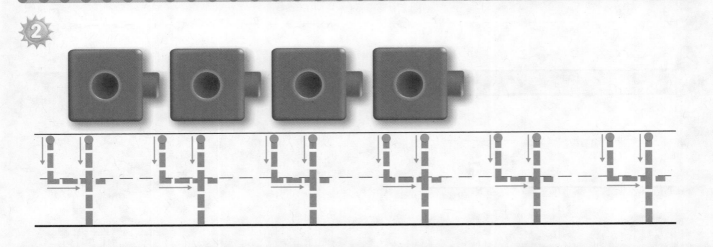

3 ✓

4 ✓

INSTRUCCIONES 1–2. Cuenta los cubos y di el número. Luego traza los números. 3–4. Cuenta y di cuántos hay. Escribe el número.

5

6

7

8

9

10

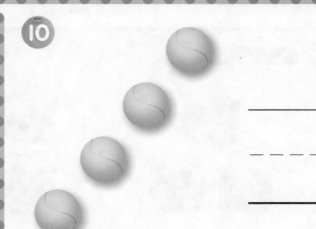

INSTRUCCIONES 5–10. Cuenta y di cuántos hay. Escribe el número.

ACTIVIDAD PARA LA CASA • Pida a su niño que muestre un conjunto de tres o cuatro objetos. Pídale que escriba el número en una hoja para mostrar cuántos objetos hay.

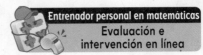
Conceptos y destrezas

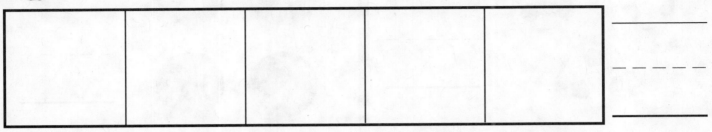

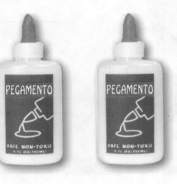

4 PIENSA MÁS

INSTRUCCIONES 1. Pon fichas en el cuadro de cinco para mostrar el número 3. Dibuja las fichas. Escribe el número. 2–3. Cuenta y di cuántas hay. Escribe el número. 4. Cuenta cada conjunto de bolsas. Encierra en un círculo todos los conjuntos que muestren 3 bolsas.

Nombre_____

Contar y escribir 3 y 4

Objetivo de aprendizaje Contarás los números 3 y 4 y los escribirás en palabras y con números enteros.

 1

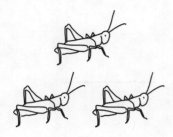 

 **2**

3

4

5

6

INSTRUCCIONES   1–6. Cuenta y di cuántos hay. Escribe el número.

Repaso de la lección

_____

- - - - - - - - -

_____

Repaso en espiral

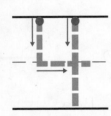

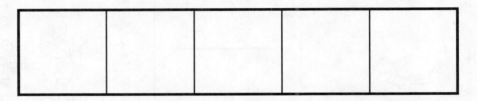

_____

- - - - - - - - -

_____

INSTRUCCIONES **I.** Cuenta y di cuántas mariposas hay. Escribe el número. **2.** Traza el número. ¿Cuántas fichas pondrías en el cuadro de cinco para mostrar el número? Dibuja las fichas. **3.** Cuenta y di cuántas flores hay. Escribe el número.

PRACTICA MÁS CON EL
Entrenador personal
en matemáticas

Nombre _____

Representar y contar 5

Pregunta esencial ¿Cómo muestras y cuentas 5 objetos?

Objetivo de aprendizaje Dirás los nombres de los números en orden estándar al mostrar y contar 5 objetos.

Escucha y dibuja En el mundo

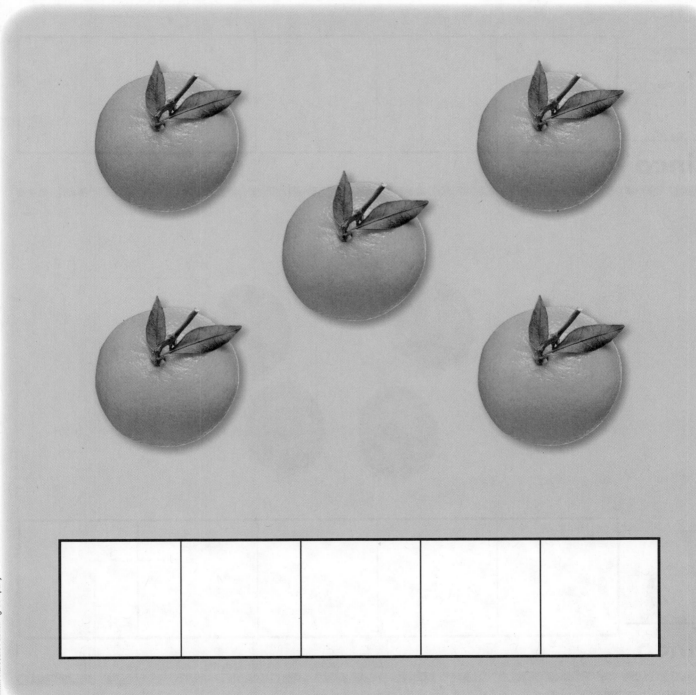

INSTRUCCIONES Pon una ficha en cada naranja a medida que las cuentas. Mueve las fichas al cuadro de cinco. Dibuja las fichas.

Capítulo 1 • Lección 5

treinta y siete **37**

1

5
cinco

2

5
cinco

INSTRUCCIONES   1–2. Pon una ficha en cada objeto del conjunto a medida
que los cuentas. Di cuántas fichas hay y traza el número. Mueve las fichas al
cuadro de cinco. Dibuja las fichas.

3 ✓

4

5

6

INSTRUCCIONES **3.** Pon fichas para mostrar cinco. Dibuja las fichas y escribe el número. **4.** Pon fichas para mostrar cuatro. Dibuja las fichas y escribe el número. **5.** Pon fichas para mostrar cinco. Dibuja las fichas y escribe el número. **6.** Pon fichas para mostrar tres. Dibuja las fichas y escribe el número.

Resolución de problemas • Aplicaciones En el mundo

7

8

INSTRUCCIONES Carl necesita 5 frutas de cada tipo de fruta. Encierra en un círculo todos los conjuntos que podría usar Carl.   **8.** Dibuja para mostrar lo que sabes del número 5. Cuéntale a un amigo sobre tus dibujos.

ACTIVIDAD PARA LA CASA • Dibuje un cuadro de cinco o recorte un cartón de huevos de manera que le queden cinco secciones. Pida a su niño que muestre un conjunto de cinco objetos y que ponga los objetos en el cuadro de cinco.

Representar y contar 5

Objetivo de aprendizaje Dirás los nombres de los números en orden estándar al mostrar y contar 5 objetos.

1

2

3

4

INSTRUCCIONES 1. Pon fichas para mostrar cinco. Dibuja las fichas. Escribe el número. **2.** Pon fichas para mostrar tres. Dibuja las fichas. Escribe el número. **3.** Pon fichas para mostrar cuatro. Dibuja las fichas. Escribe el número. **4.** Pon fichas para mostrar cinco. Dibuja las fichas. Escribe el número.

Repaso de la lección

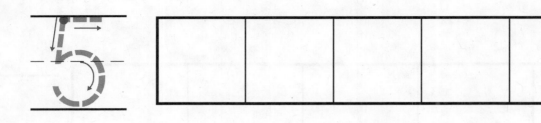

Repaso en espiral

_____

- - - - - - - - - - - - -

_____

_____

- - - - - - - - - - - - -

_____

INSTRUCCIONES   I. Traza el número. ¿Cuántas fichas pondrías en el cuadro de cinco para mostrar el número? Dibuja las fichas.   **2–3.** Cuenta y di cuántos hay. Escribe el número.

PRACTICA MÁS CON EL
Entrenador personal
en matemáticas

Nombre _____

Contar y escribir hasta 5

Pregunta esencial ¿Cómo cuentas y escribes hasta 5 con palabras y números?

Objetivo de aprendizaje Contarás los números hasta 5 y los escribirás en palabras y con números enteros.

Escucha y dibuja *En el mundo*

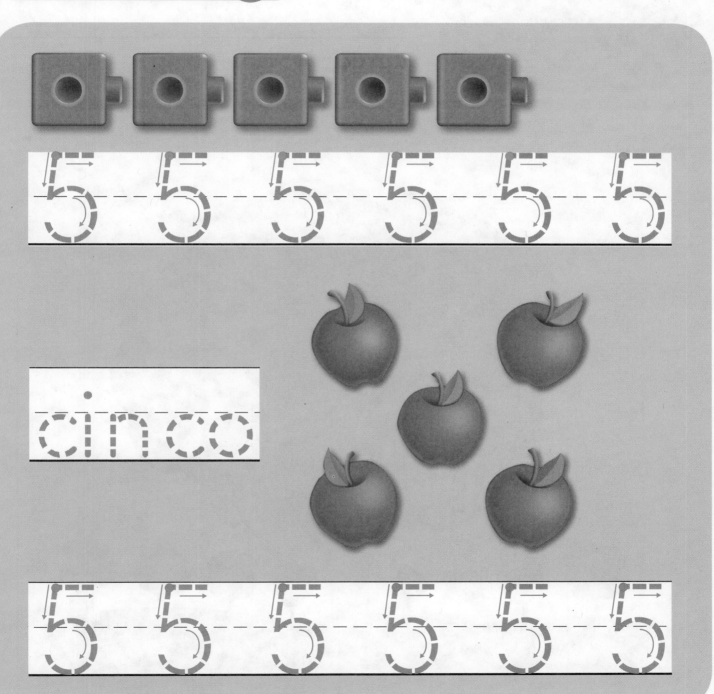

cinco

INSTRUCCIONES Cuenta los cubos y di cuántos hay. Traza los números y la palabra. Cuenta las manzanas y di cuántas hay. Traza los números.

5 5 5 5

cinco

INSTRUCCIONES 1. Cuenta y di cuántas manzanas hay. Traza los números.
2. Encierra en un círculo los conjuntos de cinco manzanas.

44 cuarenta y cuatro

3

——————————

— — — — —

——————————

4

——————————

— — — — —

——————————

5

——————————

— — — — —

——————————

6

——————————

— — — — —

——————————

INSTRUCCIONES 3–6. Cuenta y di cuántas manzanas hay.
Escribe el número.

Capítulo I • Lección 6

Resolución de problemas • Aplicaciones

ESCRIBE

7

_____

_ _ _ _ _

_____

INSTRUCCIONES 7. Dibuja para mostrar lo que sabes sobre el número 5. Escribe el número. Cuéntale a un amigo sobre tu dibujo.

ACTIVIDAD PARA LA CASA • Pida a su niño que escriba el número 5 en una hoja de papel. Luego pídale que busque objetos que representen ese número.

Contar y escribir hasta 5

Objetivo de aprendizaje Contarás los números hasta 5 y los escribirás en palabras y con números enteros.

1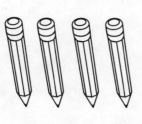

_____

- - - - - - -

_____

2

_____

- - - - - - -

_____

3

_____

- - - - - - -

_____

4

_____

- - - - - - -

_____

5

_____

- - - - - - -

_____

6

_____

- - - - - - -

_____

INSTRUCCIONES 1–6. Cuenta y di cuántos hay. Escribe el número.

Repaso de la lección

_____

- - - - - -

_____

Repaso en espiral

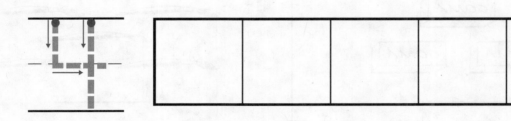

_____

- - - - - -

_____

INSTRUCCIONES   **I.** Cuenta y di cuántos animales hay. Escribe el número.   **2.** Traza el número. ¿Cuántas fichas pondrías en el cuadro de cinco para mostrar el número? Dibuja las fichas.   **3.** Cuenta y di cuántos cubos hay. Escribe el número.

PRACTICA MÁS CON EL
Entrenador personal
en matemáticas

Nombre _____

Álgebra • Maneras de formar 5

Pregunta esencial Tenemos dos conjuntos de objetos, ¿cómo haces para mostrar 5 objetos en más de una forma?

Objetivo de aprendizaje Usarás dos conjuntos de objetos para mostrar 5 en más de una forma.

Escucha y dibuja En el mundo

INSTRUCCIONES Jessica tiene 5 canicas en la bolsa. Las canicas pueden ser rojas o amarillas. Describe las canicas que podrían estar en la bolsa de Jessica. Pon fichas para mostrar un par de canicas. Traza y colorea las fichas.

Capítulo 1 • Lección 7

cuarenta y nueve **49**

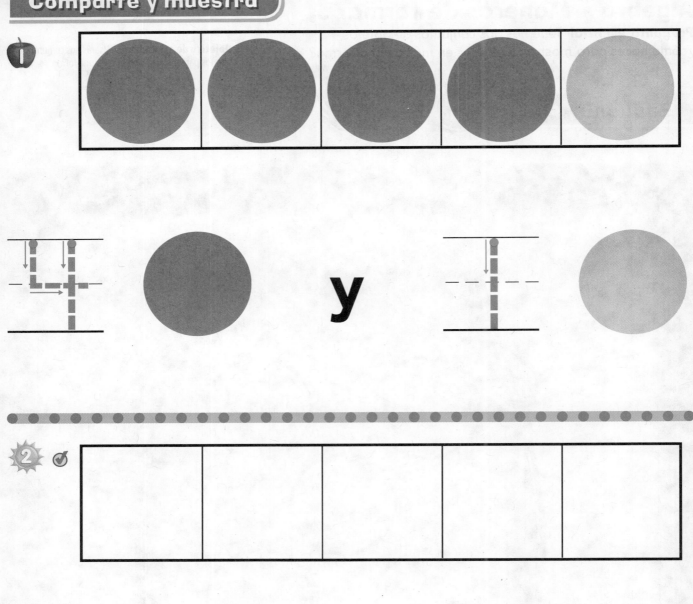

INSTRUCCIONES I. Mira las fichas del cuadro de cinco. Traza los números para mostrar el par que forma 5. **2.** Usa dos colores de fichas para mostrar una manera diferente de formar 5. Escribe los números para mostrar el par que forma 5.

50 cincuenta

3

_____   ○ **y** _____   ○

4

_____   ○ **y** _____   ○

INSTRUCCIONES   3–4. Usa *i*Tools o dos colores de fichas para mostrar otra manera de formar 5. Escribe los números para mostrar el par que forma 5.

Resolución de problemas · Aplicaciones En el mundo

5

l ● y _ _ _ ●

6

_ _ _ ■ y _ _ _ ■

INSTRUCCIONES **5.** Austin tiene 5 fichas. Una ficha es roja. ¿Cuántas fichas amarillas tiene? Colorea las fichas. **6.** Madison tiene 5 cubos rojos y azules. Colorea para mostrar los cubos. Escribe el par de números que forman los cubos de Madison.

ACTIVIDAD PARA LA CASA · Pida a su niño que use dos colores de botones para mostrar todas las maneras de formar 5. Luego pídale que escriba el número de fichas de cada color que utilizó en los pares para formar 5.

Álgebra • Maneras de formar 5

Objetivo de aprendizaje Usarás dos conjuntos de objetos para mostrar 5 en más de una forma.

🍎 ❶

____ ◯ **y** ____ ◯

❷

____ ◯ **y** ____ ◯

INSTRUCCIONES   1–2. Usa dos colores de fichas para mostrar una manera de formar 5. Colorea para mostrar las fichas. Escribe el par de números que forman 5.

Repaso de la lección

1

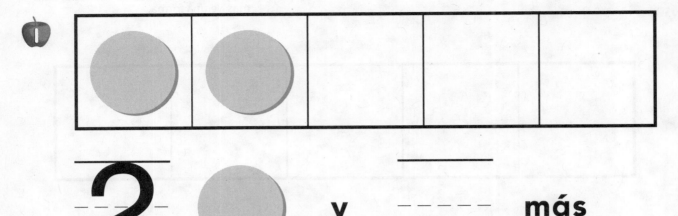

2 y _____ más

Repaso en espiral

2

_____

3

_____

INSTRUCCIONES **1.** ¿Cuántas fichas más pondrías en el cuadro de cinco para mostrar una manera de formar 5? Dibuja las fichas. Escribe el número. **2–3.** Cuenta y di cuántos hay. Escribe el número.

PRACTICA MÁS CON EL
Entrenador personal
en matemáticas

Nombre _____

Contar y ordenar hasta 5

Pregunta esencial ¿Cómo sabes que los números siguen el orden de conjuntos de objetos que tienen uno más?

Objetivo de aprendizaje Sabrás que el orden de los números es igual a un conjunto de objetos que tiene uno más.

Escucha y dibuja En el mundo

| 1 | 2 | 3 | 4 | 5 |

INSTRUCCIONES Usa los cubos para hacer torres que tengan entre 1 y 5 cubos. Pon las torres en orden para que correspondan con los números del 1 al 5. Dibuja las torres de cubos en orden.

INSTRUCCIONES 1. Usa los cubos para hacer trenes que tengan entre 1 y 5 cubos. Pon los trenes de cubos en orden, empezando por 1. Dibuja los trenes de cubos y escribe los números en orden. Cuéntale a un amigo lo que sabes sobre los números y sobre los trenes de cubos.

☀2 ☑

INSTRUCCIONES   2. Cuenta los objetos de cada conjunto. Escribe el número al lado del conjunto de objetos. Escribe esos números en orden, empezando por el número I.

Capítulo I • Lección 8

Resolución de problemas · Aplicaciones En el mundo

ESCRIBE

3

5
4 4
3 3 3
2 2 2 2
1 1 1 1 1

4

INSTRUCCIONES **3.** Paul tiene un conjunto de bloques que tiene uno más que un conjunto de 3 bloques. Encierra en un círculo los bloques de Paul. Verifica que tu respuesta tiene sentido. **4.** Dibuja para mostrar lo que sabes sobre el orden de conjuntos del 1 al 5. Cuéntale a un amigo sobre tu dibujo.

ACTIVIDAD PARA LA CASA
• Muestre a su niño conjuntos de objetos del 1 al 5. Pídale que ponga los conjuntos en orden del 1 al 5.

Contar y ordenar hasta 5

Objetivo de aprendizaje Sabrás que el orden de los números es igual a un conjunto de objetos que tiene uno más.

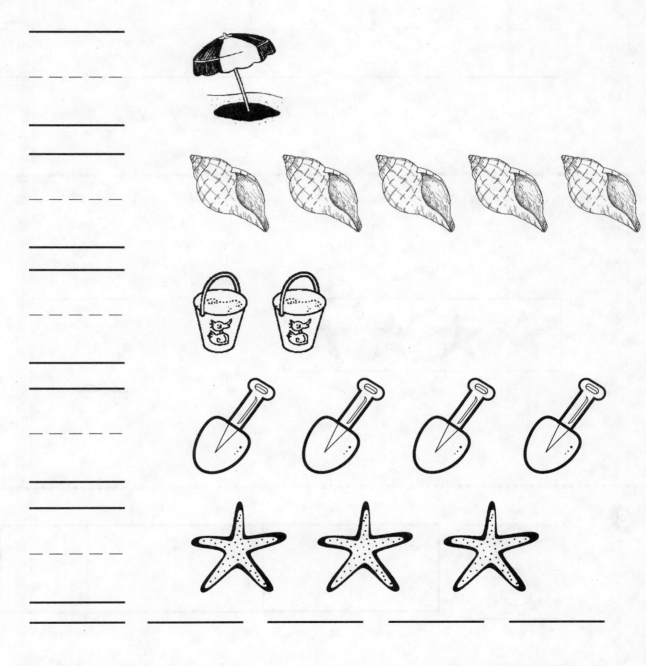

INSTRUCCIONES   I. Cuenta los objetos de cada conjunto. Escribe el número junto a cada conjunto de objetos. Escribe esos números en orden, empezando por el número I.

Repaso de la lección

1, 2, 3, ___, 5

Repaso en espiral

_____
- - - - - -
_____

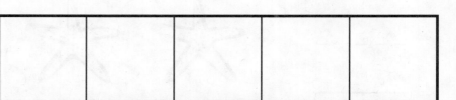

INSTRUCCIONES **1.** Escribe los números en orden. **2.** Cuenta y di cuántas estrellas hay. Escribe el número. **3.** Traza el número. ¿Cuántas fichas pondrías en el cuadro de cinco para mostrar el número? Dibuja las fichas.

60 sesenta

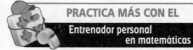

PRACTICA MÁS CON EL
Entrenador personal
en matemáticas

Nombre _____

Resolución de problemas • Comprensión del 0

Pregunta esencial ¿Cómo resuelves problemas con la estrategia *hacer un modelo*?

Objetivo de aprendizaje Resolverás problemas usando la estrategia de *hacer un modelo*.

 Soluciona el problema En el mundo

 Manos a la obra

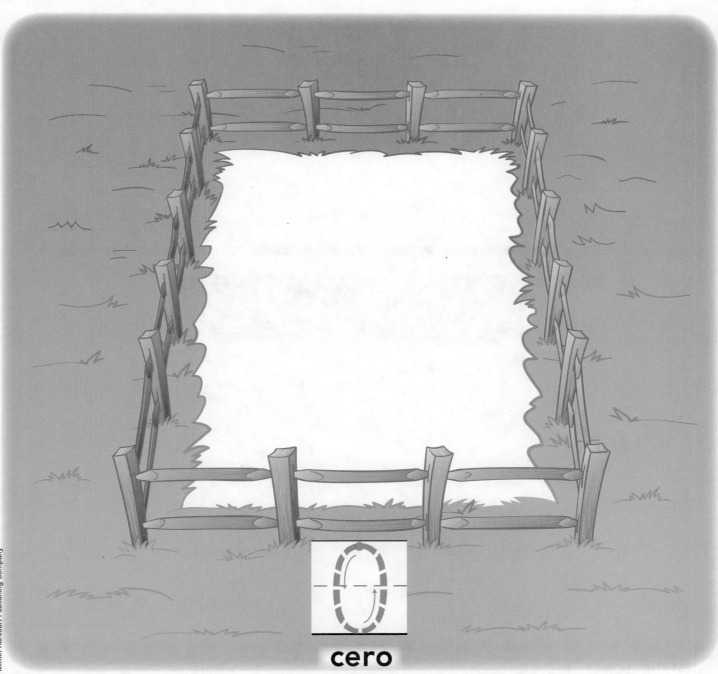

0

cero

INSTRUCCIONES Usa las fichas para representar este problema. En el corral hay dos caballos. Los caballos salen del corral y se van al campo. ¿Cuántos caballos quedan en el corral ahora? Traza el número. Cuéntale a un amigo lo que sabes sobre ese número.

Capítulo 1 • Lección 9

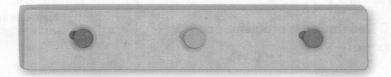

_____

- - - - - - - -

_____

_____

- - - - - - - -

_____

INSTRUCCIONES **1.** Usa las fichas para representar este problema. Tres estudiantes cuelgan su mochila en un gancho cada uno. Dibuja fichas para mostrar las mochilas. ¿Cuántas mochilas hay? Escribe el número. **2.** Usa las fichas para representar una mochila en cada gancho. Cada uno de los tres estudiantes toma una mochila. ¿Cuántas mochilas quedan ahora? Escribe el número.

62 sesenta y dos

Nombre _____

Comparte y muestra

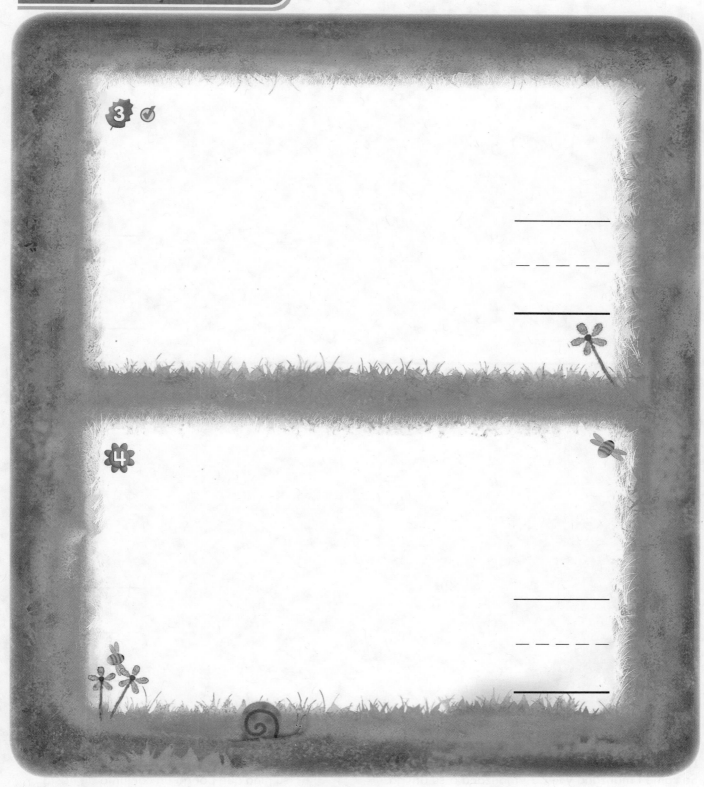

3 ✓

_____

- - - - - - - -

_____

4

_____

- - - - - - - -

_____

INSTRUCCIONES Usa las fichas para representar estos problemas. **3.** Drew tiene un libro. Adam tiene un libro menos que Drew. ¿Cuántos libros tiene Adam? Escribe el número. **4.** Bradley no tiene lápices. Matt tiene un lápiz más que Bradley. ¿Cuántos lápices tiene Matt? Escribe el número.

© Houghton Mifflin Harcourt Publishing Company

Capítulo 1 • Lección 9

sesenta y tres **63**

Por tu cuenta

5

_____

- - - - - - -

_____

6

_____

- - - - - - -

_____

INSTRUCCIONES **5.** Vera tiene 2 manzanas. Se come 1 manzana y le da 1 manzana a su amiga. ¿Cuántas manzanas tiene Vera ahora? Escribe el número. **6.** Amy tiene 3 crayones. Regala varios y se queda sin crayones. ¿Cuántos crayones regaló? Escribe el número.

ACTIVIDAD PARA LA CASA • Pida a su niño que ponga un conjunto de hasta cinco monedas en una taza. Saque algunas monedas, o todas, y pídale que diga cuántas hay en la taza y que escriba el número.

Resolución de problemas •
Comprensión del 0

Objetivo de aprendizaje Resolverás
problemas usando la estrategia de *hacer
un modelo.*

_____

- - - - - -

_____

2

_____

- - - - - -

_____

INSTRUCCIONES Usa fichas para representar estos problemas. **I.** Oliver tiene
una caja de jugo. Lucy tiene una caja de jugo menos que Oliver. ¿Cuántas cajas de
jugo tiene Lucy? Escribe el número. **2.** Jessica no tiene libros. Wesley tiene 2 libros
más que Jessica. ¿Cuántos libros tiene Wesley? Escribe el número.

Repaso de la lección

_____

- - - - - -

_____

Repaso en espiral

_____

- - - - - -

_____

_____

- - - - - -

_____

- - - - - -

_____

INSTRUCCIONES **1.** Usa fichas para representar este problema. Eva tiene 2 manzanas en su canasta. Se come 1 manzana y le da 1 manzana a su amigo. ¿Cuántas manzanas le quedan a Eva? Escribe el número. **2–3.** Cuenta y di cuántos hay. Escribe el número.

PRACTICA MÁS CON EL
Entrenador personal
en matemáticas

Nombre _____

Identificar y escribir 0

Pregunta esencial ¿Cómo identificas y escribes el 0 con palabras y números?

Objetivo de aprendizaje Identificarás el 0 y lo escribirás en palabras y con números.

Escucha y dibuja En el mundo

INSTRUCCIONES ¿Cuántos peces hay en la pecera? Traza los números y la palabra. Cuéntale a un amigo lo que sabes sobre ese número.

Capítulo 1 • Lección 10

sesenta y siete **67**

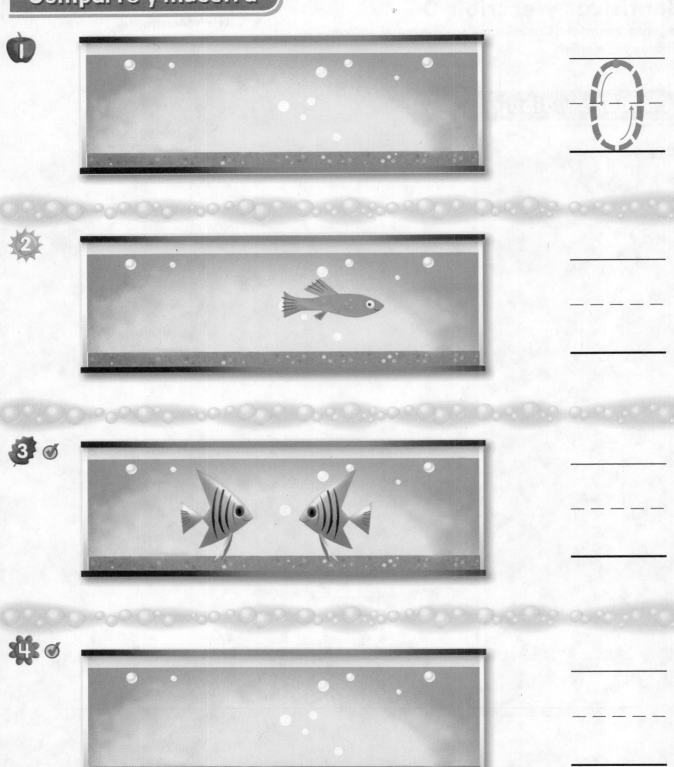

1

2

3

4

INSTRUCCIONES I. ¿Cuántos peces hay en la pecera? Traza el número. **2–4.** ¿Cuántos peces hay en la pecera? Escribe el número. Encierra en un círculo las peceras que tengan 0 peces.

5

_____

- - - - - - -

_____

6

_____

- - - - - - -

_____

7

_____

- - - - - - -

_____

8

_____

- - - - - - -

_____

INSTRUCCIONES 5–8. ¿Cuántos peces hay en la pecera? Escribe el
número. Encierra en un círculo las peceras que tengan 0 peces.

Resolución de problemas • Aplicaciones En el mundo

9

10

ESCRIBE

INSTRUCCIONES 9. Bryce tiene dos peces. Chris no tiene peces. Encierra en un círculo la pecera de Chris. **10.** Dibuja para mostrar lo que sabes sobre el número 0. Cuéntale a un amigo sobre tu dibujo.

ACTIVIDAD PARA LA CASA • Dibuje un cuadro de cinco o recorte un cartón de huevos de manera que le queden cinco secciones. Pida a su niño que muestre un conjunto de hasta 3 o 4 objetos y que ponga los objetos en el cuadro de cinco. Luego pídale que saque los objetos y que diga cuántos hay en el cuadro de cinco.

Identificar y escribir 0

Objetivo de aprendizaje Identificarás el 0 y lo escribirás en palabras y con números.

 1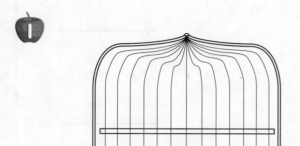

_____

- - - - - - - - - - -

_____

 2

_____

- - - - - - - - - - -

_____

3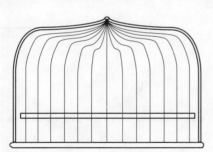

_____

- - - - - - - - - - -

_____

 4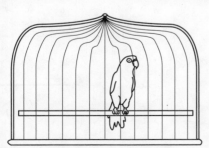

_____

- - - - - - - - - - -

_____

INSTRUCCIONES 1–4. ¿Cuántos pájaros hay en la jaula? Escribe el número. Encierra en un círculo las jaulas que tengan 0 pájaros.

Repaso de la lección

_____

- - - - - - - - - -

_____

Repaso en espiral

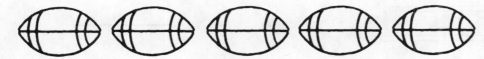

_____

- - - - - - - - - -

_____

_____

- - - - - - - - - -

_____

INSTRUCCIONES **1.** ¿Cuántos peces hay en la pecera? Escribe el número. **2.** Cuenta y di cuántas hay. Escribe el número. **3.** Dibuja un conjunto de 5 canicas. Escribe el número.

PRACTICA MÁS CON EL
Entrenador personal
en matemáticas

Nombre _____

✓ Repaso y prueba del Capítulo 1

Entrenador personal en matemáticas
Evaluación e intervención en línea

1

- ○ 1
- ○ 2
- ○ uno

2

- ○ cuatro
- ○ cinco
- ○ 5

3

_____

- - - - - - - - - -

_____

4

_____

- - - - - - - - - -

_____

5

_____

- - - - - - - - - -

_____

INSTRUCCIONES 1–2. Elige todas las respuestas que digan cuántos objetos hay. **3.** ¿Cuántos huevos hay en el nido? Escribe el número. **4–5.** Cuenta cuántos objetos hay. Escribe el número.

© Houghton Mifflin Harcourt Publishing Company

Capítulo 1

 Opciones de evaluación
Prueba del capítulo

setenta y tres **73**

6

7

_____ _____ _____ _____ _____

- -

_____ _____ _____ _____ _____

8

_____ _____ _____ _____ _____

- -

_____ _____ _____ _____ _____

INSTRUCCIONES 6. Encierra en un círculo todos los conjuntos que muestren 4. **7.** Cuenta cuántos cubos hay en cada torre. Escribe el número. **8.** Escribe los números del 1 al 5 en orden de conteo.

Nombre _____

9 **PIENSA MÁS +**

4 2 1	○ Sí	○ No
3 4 5	○ Sí	○ No
1 2 3	○ Sí	○ No

 10

_____

- - - - - - - - -

_____

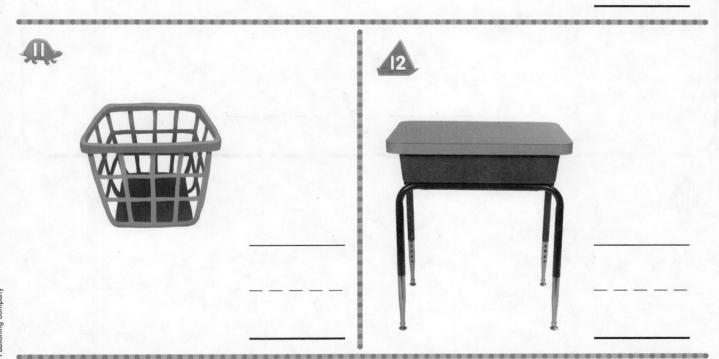

INSTRUCCIONES **9.** ¿Están los números en orden de conteo? Elige Sí o No. **10.** Tres niños traen un libro cada uno a la escuela. Dibuja fichas para representar los libros. Escribe el número. **11.** Sam no tiene ninguna manzana en una canasta. ¿Cuántas manzanas tiene Sam? Escribe el número. **12.** Hay dos manzanas sobre la mesa. Kia le da dos manzanas a un amigo. ¿Cuántas manzanas quedan ahora sobre la mesa? Escribe el número.

Capítulo 1

13 **PIENSA** MÁS **+**

◯ ◯ ◯ ◯ ◯

___ ___

___ y ___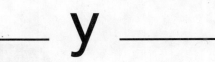

◯ ◯ ◯ ◯ ◯

___ ___

___ y ___

___

___

___

INSTRUCCIONES 13. Muestra 2 maneras en que se puede formar 5. Colorea algunas de las fichas de color rojo y otras de amarillo. Escribe los números. 14. Escribe el número que le sigue al 3 en orden de conteo. Dibuja fichas para mostrar el número.

Comparar números hasta el 5

Aprendo más con
Jorge el Curioso

Las mariposas tienen papilas gustativas en las patas. ¡Se paran en la comida para saborearla!

• ¿En esta foto hay más mariposas o más flores?

Nombre _____

✓ **Muestra lo que sabes**

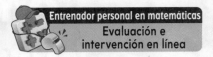
Entrenador personal en matemáticas
Evaluación e
intervención en línea

Correspondencia uno a uno

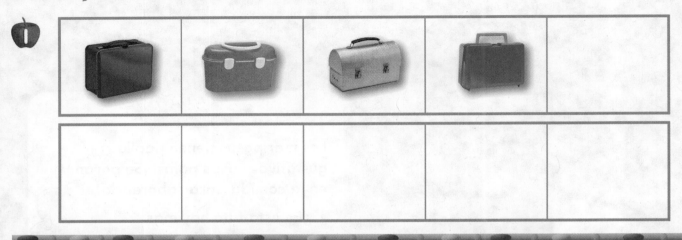

Representa números del 0 al 5

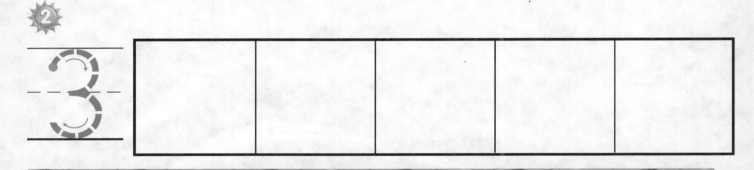

Escribe números del 0 al 5

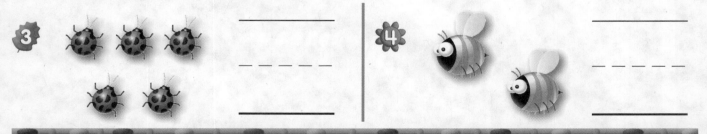

Esta página es para comprobar la comprensión de las destrezas importantes que se necesitan para tener éxito con el Capítulo 2.

INSTRUCCIONES 1. Dibuja una manzana para cada fiambrera. 2. Pon fichas en el cuadro de cinco para representar el número. Dibuja las fichas. Traza el número. 3–4. Cuenta y di cuántas hay. Escribe el número.

Desarrollo del vocabulario

cuatro

tres

tres

uno

dos

cinco

INSTRUCCIONES Encierra en un círculo los conjuntos que tienen el mismo número de animales. Cuenta y di cuántos árboles hay. Dibuja una línea bajo la palabra que dice el número de árboles.

LÍNEA

• **Libro interactivo del estudiante**
• **Glosario multimedia**

Juego

Cuenta regresiva

Jugador 1

5	4	3	2	1	0

Jugador 2

5	4	3	2	1	0

INSTRUCCIONES Cada jugador lanza el cubo numerado y busca el número que sale en el tablero. El jugador cubre el número con una ficha. Los jugadores se turnan para hacer lo mismo hasta que cubran todos los números del tablero. En ese momento estarán listos para despegar.

MATERIALES 6 fichas por jugador, cubo numerado del 0 al 5

Vocabulario del Capítulo 3

cinco

five

11

el mismo número

same number

36

más

more

49

menos

fewer

59

nueve

nine

61

ocho

eight

62

seis

six

71

siete

seven

72

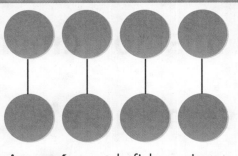

el mismo número de fichas rojas en cada fila

5

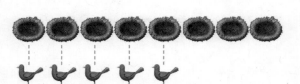

3 aves **menos**

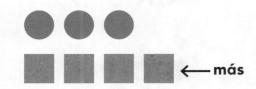 ← **más**

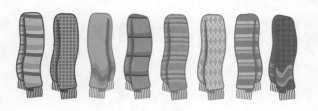

8

9

7

6

Bingo

Recuadro de palabras

comparar
emparejar
más
mayor que
menor que
menos
el mismo número
uno

Jugador 1

menos	el mismo número	emparejar	más	mayor que	menor que

Jugador 2

mayor que	más	uno	menos	comparar	el mismo número

INSTRUCCIONES Baraja las Tarjetas de vocabulario y colócalas en una pila. Un jugador toma la tarjeta de arriba y dice lo que sabe de esa palabra. El jugador coloca en el tablero una ficha sobre esa palabra. Los jugadores se turnan. El primer jugador que cubra todas las palabras de su tablero dice "Bingo".

MATERIALES 2 juegos de Tarjetas de vocabulario, 6 fichas de dos colores para cada jugador

Diario

Escríbelo

INSTRUCCIONES Haz un dibujo para mostrar cómo comparar conjuntos.
Reflexiona Prepárate para hablar de tu dibujo.

Nombre _____

El mismo número

Pregunta esencial ¿Cómo emparejas y cuentas para comparar conjuntos que tienen el mismo número de objetos?

Objetivo de aprendizaje Usarás las estrategias de emparejar y de contar para comparar conjuntos que tienen el mismo número de objetos.

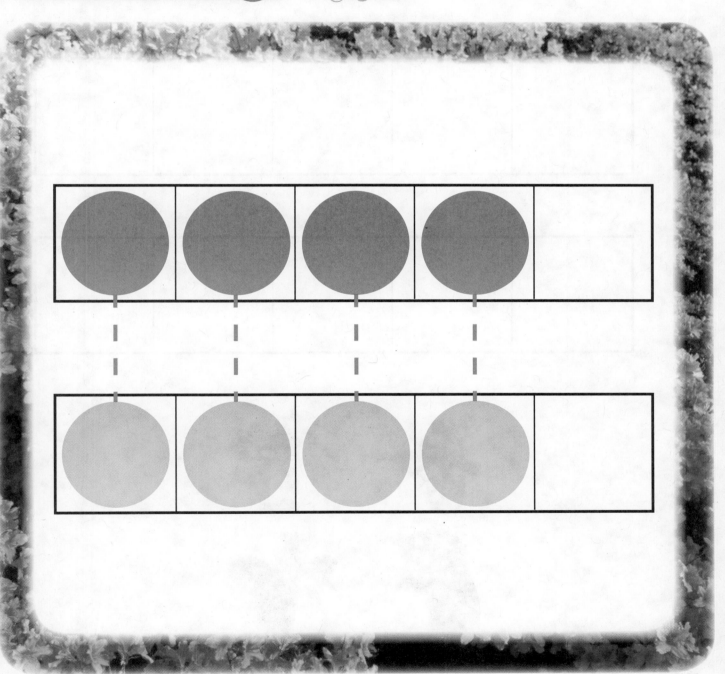

INSTRUCCIONES Pon las fichas como se muestra. Traza las líneas para emparejar cada ficha en el cuadro de cinco de la parte de arriba con una ficha del cuadro de cinco en la parte de abajo. Cuenta cuántas hay en cada conjunto. Cuéntale a un amigo sobre el número de fichas de cada conjunto.

Capítulo 2 • Lección 1

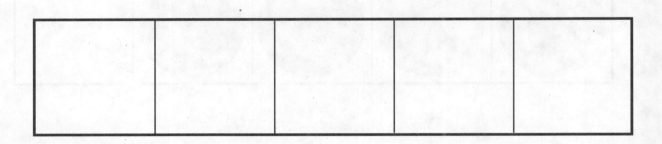

INSTRUCCIONES 1. Pon una ficha en cada carrito del conjunto a medida que los cuentas. Mueve las fichas al cuadro de cinco que está debajo de los carritos. Dibuja las fichas. Pon una ficha en cada marioneta del conjunto a medida que los cuentas. Mueve las fichas al cuadro de cinco que está arriba de las marionetas. Dibuja esas fichas. ¿Es el número de objetos de uno de los conjuntos mayor, menor o el mismo que el número de objetos del otro conjunto? Dibuja una línea para emparejar cada ficha con otra del otro conjunto.

Nombre _____

_____

- - - - - - - -

_____

_____

- - - - - - - -

_____

INSTRUCCIONES   2. Compara los conjuntos de objetos. ¿Es el número de gorras mayor, menor o el mismo que el número de cajitas de jugo? Cuenta cuántas gorras hay. Escribe el número. Cuenta cuántas cajitas de jugo hay. Escribe el número. Cuéntale a un amigo lo que sabes sobre el número de objetos de cada conjunto.

Resolución de problemas • Aplicaciones En el mundo

ESCRIBE

 3

_____

_ _ _ _ _ _ _ _

_____

_ _ _ _ _ _ _ _

_____

 4

INSTRUCCIONES **3.** Cuenta cuántos autobuses hay. Escribe el número. Dibuja un conjunto de fichas que tenga el mismo número que los autobuses. Escribe el número. Empareja con líneas los objetos de cada conjunto. **4.** Dibuja dos conjuntos con el mismo número de objetos mostrados de diferentes maneras. Explícale a un amigo tus dibujos.

ACTIVIDAD PARA LA CASA • Muestre a su niño dos conjuntos que tengan el mismo número, hasta cinco objetos. Pídale que identifique si el número de objetos de un conjunto es mayor, menor o el mismo que el número de objetos del otro conjunto.

El mismo número

Objetivo de aprendizaje Usarás las estrategias de emparejar y contar para comparar conjuntos que tienen el mismo número de objetos.

1

_____
- - - - - - - -
_____

_____
- - - - - - - -
_____

INSTRUCCIONES   1. Compara los conjuntos de objetos. ¿Es mayor, menor o igual el número de delfines que el número de tortugas? Cuenta cuántos delfines hay. Escribe el número. Cuenta cuántas tortugas hay. Escribe el número. Explica a un amigo lo que sabes sobre el número de objetos en cada conjunto.

Repaso de la lección

_____

— — — — — — — —

_____

— — — — — — — —

_____

Repaso en espiral

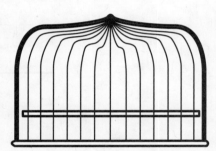

_____

— — — — — — — —

_____

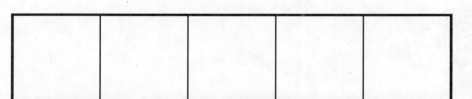

INSTRUCCIONES **1.** Cuenta cuántos carros hay. Escribe el número. Dibuja un conjunto de fichas que tenga el mismo número que el conjunto de carros. Escribe el número. Dibuja líneas para conectar los objetos de cada conjunto. **2.** Cuenta y di cuántos pájaros hay en la jaula. Escribe el número. **3.** Traza el número. ¿Cuántas fichas pondrías en el cuadro de cinco para mostrar el número? Dibuja las fichas.

PRACTICA MÁS CON EL
Entrenador personal
en matemáticas

Nombre _____

Mayor que

Pregunta esencial ¿Cómo comparas conjuntos cuando el número de objetos de un conjunto es mayor que el número de objetos del otro conjunto?

Objetivo de aprendizaje Compararás conjuntos cuando el número de objetos de un conjunto es mayor que el número de objetos del otro conjunto.

Escucha y dibuja

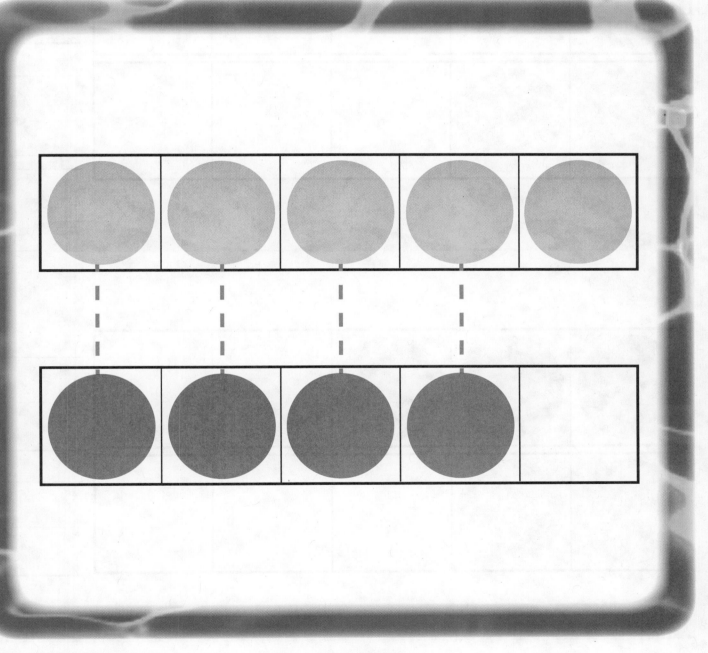

INSTRUCCIONES Pon las fichas como se muestra. Traza las líneas para emparejar cada ficha del cuadro de cinco de arriba con la ficha del cuadro de cinco de abajo. Cuenta cuántas hay en cada conjunto. Dile a un amigo qué conjunto tiene un número de objetos mayor que el otro conjunto.

Capítulo 2 • Lección 2

Comparte y muestra

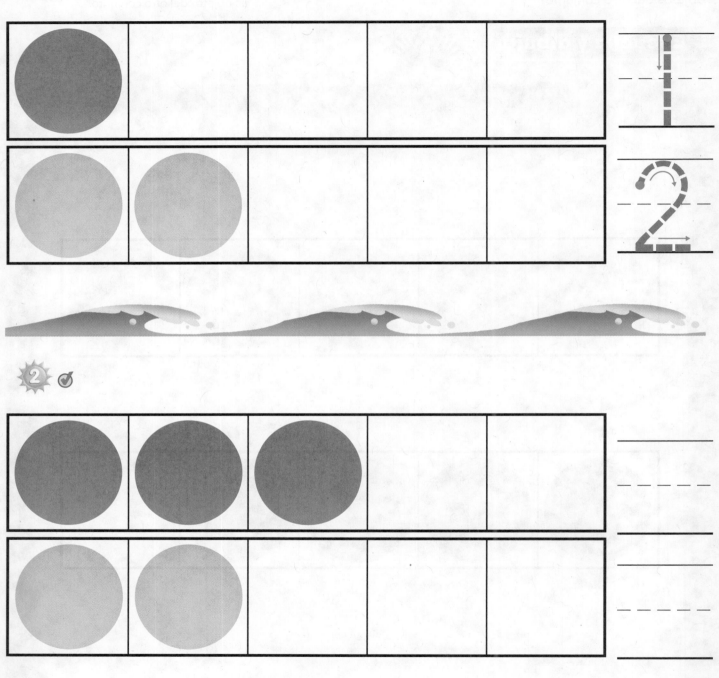

INSTRUCCIONES **1.** Pon las fichas como se muestra. Cuenta y di cuántas hay en cada conjunto. Traza los números. Empareja para comparar los conjuntos. Encierra en un círculo el número que sea mayor.   **2.** Pon fichas como se muestra. Cuenta y di cuántas hay en cada conjunto. Escribe los números. Empareja para comparar los conjuntos. Encierra en un círculo el número que sea mayor.

88 ochenta y ocho

Nombre _____

3

_____
- - - - - - - -
_____

_____
- - - - - - - -
_____

4

_____
- - - - - - - -
_____

_____
- - - - - - - -
_____

INSTRUCCIONES **3–4.** Pon las fichas como se muestra. Cuenta y di cuántas hay en cada conjunto. Escribe los números. Compara los números. Encierra en un círculo el número que sea mayor.

Capítulo 2 • Lección 2

ochenta y nueve **89**

Resolución de problemas · Aplicaciones En el mundo

ESCRIBE

⑤

INSTRUCCIONES **5.** Brianna tiene una bolsa con tres manzanas. Su amigo tiene una bolsa con un conjunto que tiene una manzana más. Dibuja las bolsas. Escribe los números en las bolsas para mostrar cuántas manzanas hay. Cuéntale a un amigo lo que sabes sobre los números.

ACTIVIDAD PARA LA CASA · Muestre a su niño un conjunto de hasta cuatro objetos. Pídale que muestre un conjunto con un número de objetos mayor que su conjunto.

90 noventa

Nombre_____

Mayor que

Objetivo de aprendizaje Compararás conjuntos cuando el número de objetos de un conjunto es mayor que el número de objetos del otro conjunto.

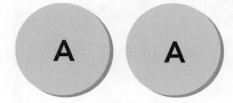

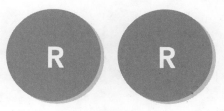

_____

– – – – –

_____

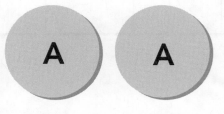

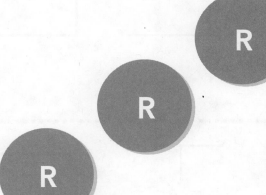

_____

– – – – –

_____

INSTRUCCIONES 1–2. Pon las fichas como se muestra. A significa amarillas y R significa rojas. Cuenta y di cuántas hay en cada conjunto. Escribe los números. Compara los números. Encierra en un círculo el número mayor.

Capítulo 2

Repaso de la lección

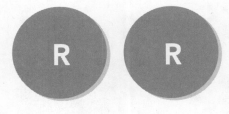

_____

_ _ _ _ _ _ _ _ _

_____

_____

_ _ _ _ _ _ _ _ _

_____

Repaso en espiral

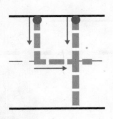

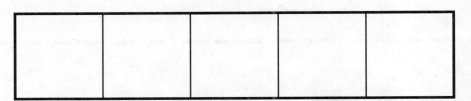

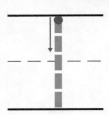

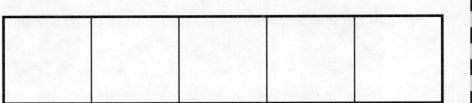

INSTRUCCIONES   1. Pon las fichas como se muestra. A significa amarillas y R significa rojas. Cuenta y di cuántas hay en cada conjunto. Escribe los números. Compara los números. Encierra en un círculo el número mayor.   **2–3.** Traza el número. ¿Cuántas fichas pondrías en el cuadro de cinco para mostrar el número? Dibuja las fichas.

92 noventa y dos

PRACTICA MÁS CON EL
Entrenador personal
en matemáticas

Nombre _____

Menor que

Pregunta esencial ¿Cómo comparas conjuntos cuando el número de objetos de un conjunto es menor que el número de objetos del otro conjunto?

Objetivo de aprendizaje Compararás conjuntos cuando el número de objetos de un conjunto es menor que el número de objetos del otro conjunto.

Escucha y dibuja

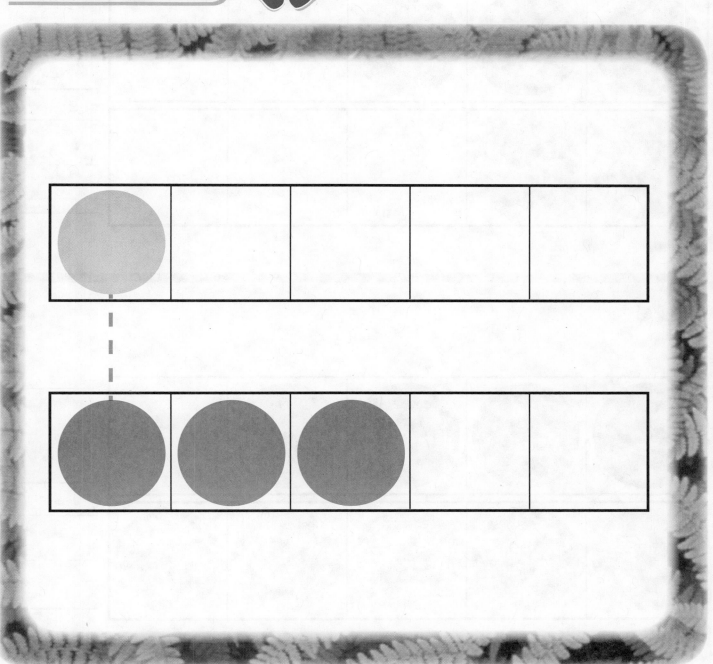

INSTRUCCIONES Pon las fichas como se muestra. Traza la línea para emparejar la ficha del cuadro de cinco de arriba con la ficha del cuadro de cinco de abajo. Cuenta cuántas hay en cada conjunto. Dile a un amigo qué conjunto tiene un número de objetos menor que el otro conjunto.

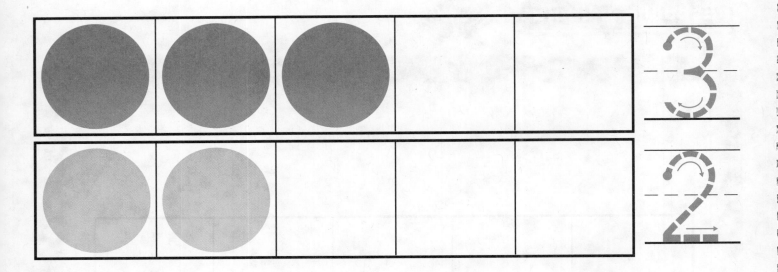

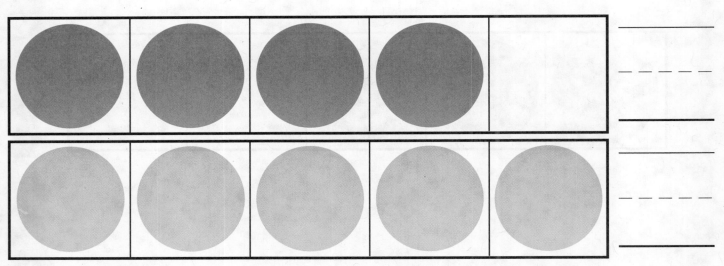

INSTRUCCIONES 1. Pon las fichas como se muestra. Cuenta y di cuántas hay en cada conjunto. Traza los números. Empareja para comparar los conjuntos. Encierra en un círculo el número que es menor. **2.** Cuenta y di cuántas hay en cada conjunto. Escribe los números. Empareja para comparar los conjuntos. Encierra en un círculo el número que sea menor.

94 noventa y cuatro

3

_____

- - - - - - -

_____

4

_____

- - - - - - -

_____

INSTRUCCIONES 3–4. Cuenta y di cuántas hay en cada conjunto. Escribe los números. Compara los números. Encierra en un círculo el número que sea menor.

ACTIVIDAD PARA LA CASA • Muestre a su niño un conjunto de dos a cinco objetos. Pídale que muestre un conjunto de objetos que tenga un número menor al de su conjunto.

Conceptos y destrezas

Entrenador personal en matemáticas
Evaluación e
intervención en línea

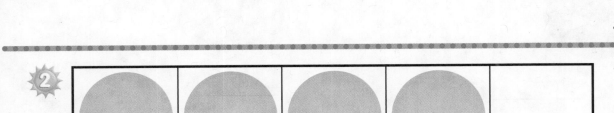

PIENSA MÁS

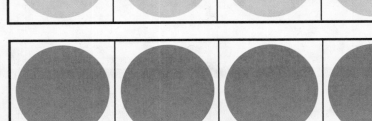
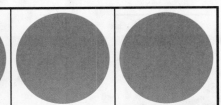

INSTRUCCIONES **1.** Pon una ficha debajo de cada objeto para mostrar el mismo número de objetos. Dibuja y colorea cada ficha. Escribe cuántos objetos hay en cada hilera. **2.** Pon las fichas como se muestra. Cuenta y di cuántas hay en cada conjunto. Escribe los números. Empareja para comparar los conjuntos. Encierra en un círculo el número que sea mayor. **3.** Cuenta los peces de la pecera que está al principio de la hilera. Encierra en un círculo la pecera que tenga un número de peces menor que la pecera que está al principio de la hilera.

96 noventa y seis

Nombre_____

Menor que

Objetivo de aprendizaje Compararás conjuntos cuando el número de objetos de un conjunto es menor que el número de objetos del otro conjunto.

1

_____   _____

_ _ _ _   _ _ _ _

_____   _____

2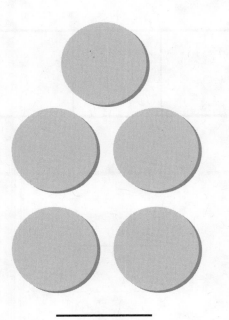

_____   _____

_ _ _ _   _ _ _ _

_____   _____

INSTRUCCIONES **1–2.** Cuenta y di cuántos hay en cada conjunto. Escribe los números. Compara los números. Encierra en un círculo el número menor.

Capítulo 2

Repaso de la lección

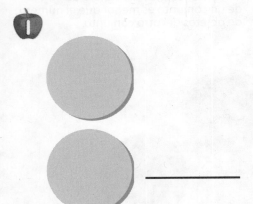

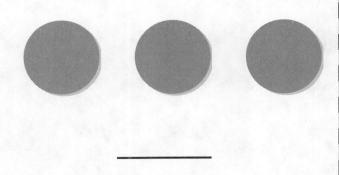

_____

_ _ _ _ _ _ _ _

_____

_____

_ _ _ _ _ _ _ _

_____

Repaso en espiral

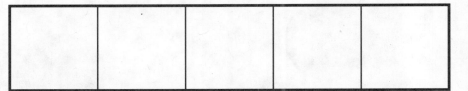

_____

_ _ _ _ _ _ _ _

_____

INSTRUCCIONES   1. Cuenta y di cuántas fichas hay en cada conjunto. Escribe los números. Compara los números. Encierra en un círculo el número menor.   **2.** Traza el número. ¿Cuántas fichas pondrías en el cuadro de cinco para mostrar el número? Dibuja las fichas.   **3.** Cuenta cuántos pájaros hay. Escribe el número.

98 noventa y ocho

PRACTICA MÁS CON EL
Entrenador personal
en matemáticas

Nombre _____

Resolución de problemas • Emparejar para comparar conjuntos de hasta 5

Pregunta esencial ¿Cómo haces un modelo para resolver problemas con la estrategia de emparejar?

Objetivo de aprendizaje Harás un modelo con cubos para resolver problemas con la estrategia de emparejar.

Soluciona el problema En el mundo   Manos a la obra

INSTRUCCIONES Estos son los carritos de Brandon. ¿Cuántos carritos tiene Brandon? Jay tiene un número de carritos menor que el número de carritos de Brandon. Usa cubos para mostrar cuántos carritos podría tener Jay. Dibuja los cubos. Empareja para comparar los conjuntos.

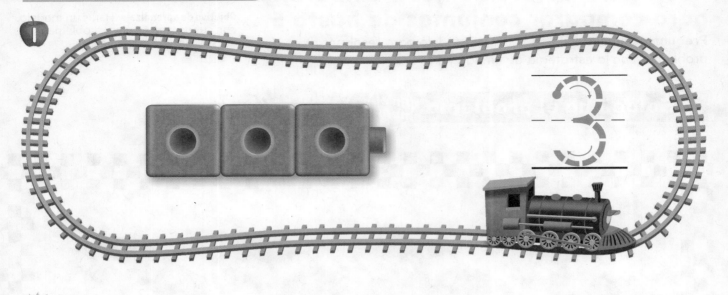

1

3

2

3

INSTRUCCIONES **1.** ¿Cuántos cubos hay? Traza el número. **2–3.** Representa un tren de cubos que tenga un número de cubos mayor que 3. Dibuja el tren de cubos. Escribe cuántos hay. Compara el tren de cubos emparejándolo con los que dibujaste. Cuéntale a un amigo acerca de los trenes de cubos.

100 cien

4

5

6

INSTRUCCIONES 4. ¿Cuántos cubos hay? Escribe el número. **5–6.** Representa un tren de cubos que tenga un número de cubos menor que 5. Dibuja el tren de cubos. Escribe cuántos hay. Compara el tren de cubos emparejándolo con los que dibujaste. Cuéntale a un amigo acerca de los trenes de cubos.

Por tu cuenta En el mundo

ESCRIBE

7

8

INSTRUCCIONES 7. Kendall tiene un conjunto de tres lápices. Su amigo tiene un conjunto con el mismo número. Dibuja los conjuntos de lápices. Empareja para comparar los conjuntos. Escribe cuántos hay en cada conjunto. **8.** Dibuja lo que sabes de emparejar para comparar dos conjuntos de objetos. Escribe cuántos hay en cada conjunto.

ACTIVIDAD PARA LA CASA • Muestre a su niño dos conjuntos con un número diferente de objetos en cada uno. Pídale que empareje para comparar los conjuntos.

Resolución de problemas •
Emparejar para comparar conjuntos hasta 5

Objetivo de aprendizaje Harás un modelo con cubos para resolver problemas con la estrategia de emparejar.

_____

- - - - - - - - - - -

_____

_____

- - - - - - - - - - -

_____

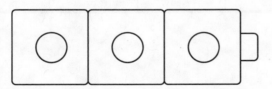

_____

- - - - - - - - - - -

_____

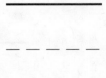

_____

- - - - - - - - - - -

_____

INSTRUCCIONES 1. ¿Cuántos cubos hay? Escribe el número. Haz el modelo de un tren de cubos que tenga un número de cubos mayor que 4. Dibuja el tren de cubos y escribe cuántos hay. Empareja para comparar los trenes de cubos. Explícale a un amigo los trenes de cubos. **2.** ¿Cuántos cubos hay? Escribe el número. Haz el modelo de un tren que tenga un número de cubos menor que 3. Dibuja el tren de cubos y escribe cuántos hay. Empareja para comparar los trenes de cubos. Explícale a un amigo los trenes de cubos.

Repaso de la lección

 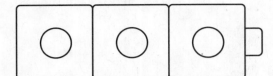

_____

- - - - - - - - - -

_____

- - - - - - - - - -

_____

Repaso en espiral

  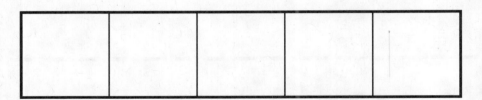

  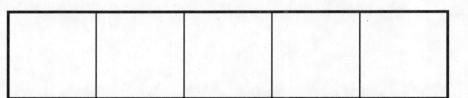

INSTRUCCIONES 1. ¿Cuántos cubos hay? Escribe el número. Haz el modelo de un tren de cubos que tenga un número de cubos mayor que 3. Dibuja el tren de cubos. Escribe cuántos hay. Empareja para comparar los trenes de cubos. Explícale a un amigo los trenes de cubos. **2–3.** Traza el número. ¿Cuántas fichas pondrías en el cuadro de cinco para mostrar el número? Dibuja las fichas.

104 ciento cuatro

PRACTICA MÁS CON EL
Entrenador personal
en matemáticas

Nombre _____

Comparar contando conjuntos hasta 5

Objetivo de aprendizaje Usarás una estrategia de conteo para comparar conjuntos de objetos.

Pregunta esencial ¿Cómo usas una estrategia de conteo para comparar conjuntos de objetos?

Escucha y dibuja En el mundo

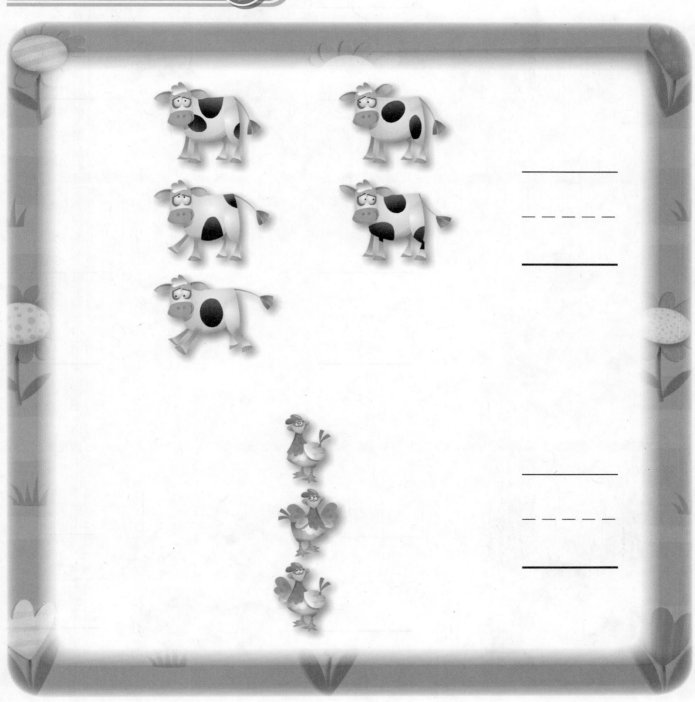

INSTRUCCIONES Observa los conjuntos de objetos. Cuenta cuántos objetos hay en cada conjunto. Escribe los números. Compara los números y dile a un amigo qué número es mayor y qué número es menor.

Capítulo 2 • Lección 5

Comparte y muestra

1

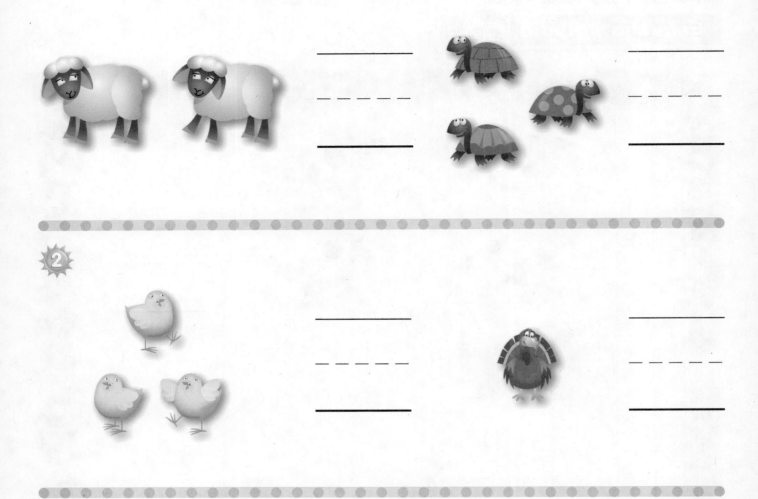

2

3 ✓

INSTRUCCIONES 1–3. Cuenta cuántos objetos hay en cada conjunto. Escribe los números. Compara los números. Encierra en un círculo el número que es mayor.

 _____
- - - - - - -
_____

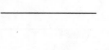  _____
- - - - - - -
_____

 _____
- - - - - - -
_____

  _____
- - - - - - -
_____

 _____
- - - - - - -
_____

 _____
- - - - - - -
_____

INSTRUCCIONES **4–6.** Cuenta cuántos objetos hay en cada conjunto. Escribe los números. Compara los números. Encierra en un círculo el número que es menor.

Resolución de problemas • Aplicaciones En el mundo

ESCRIBE

7

8

INSTRUCCIONES   7. Tony tiene ranas de peluche. Su amiga tiene pavos de peluche. Cuenta cuántos objetos hay en cada conjunto. Escribe los números. Compara los números. Cuéntale a un amigo lo que sabes sobre los conjuntos.   **8.** Dibuja para mostrar lo que sabes sobre contar para comparar dos conjuntos de objetos. Escribe cuántos hay en cada conjunto.

ACTIVIDAD PARA LA CASA •
Dibuje una ficha de dominó con uno, dos o tres puntos en un extremo. Pida a su niño que dibuje en el otro extremo un conjunto de puntos mayor que el conjunto que usted dibujó.

Comparar contando conjuntos de hasta 5

Objetivo de aprendizaje Usarás la estrategia de conteo para comparar conjuntos de objetos.

1

_____

_ _ _ _ _ _

_____

2

_____

_ _ _ _ _ _

_____

3

  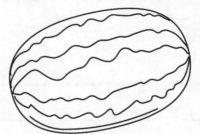 

_____

_ _ _ _ _ _

_____

INSTRUCCIONES 1–2. Cuenta cuántos objetos hay en cada conjunto. Escribe los números. Compara los números. Encierra en un círculo el número mayor. **3.** Cuenta cuántos objetos hay en cada conjunto. Escribe los números. Compara los números. Encierra en un círculo el número menor.

Capítulo 2

Repaso de la lección

_____

- - - - - - - - - - - - - - -   - - - - - - - - - - - - - - -

_____   _____

Repaso en espiral

_____

- - - - - - - - - - - - - - -

_____

1, 2, ____, 4, 5

INSTRUCCIONES   1. Cuenta cuántos objetos hay en cada conjunto. Escribe los números. Compara los números. Encierra en un círculo el número menor.   **2.** Cuenta y di cuántos gatos hay. Escribe el número.   **3.** Escribe los números en orden.

Nombre _____

Entrenador personal en matemáticas
Evaluación e intervención en línea

_____
- - - - - - - - -
_____

_____
- - - - - - - - -
_____

_____
- - - - - - - - -
_____

_____
- - - - - - - - -
_____

INSTRUCCIONES **1.** Dibuja una ficha debajo de cada marioneta para mostrar el mismo número de fichas que de marionetas. Escribe cuántas marionetas hay. Escribe cuántas fichas hay. **2.** ¿Cuántas fichas hay en cada hilera? Escribe los números. Empareja para comparar los conjuntos. Encierra en un círculo el número que es mayor.

 Opciones de evaluación
Prueba del capítulo

3

○   ○   ○

4

○   ○   ○

5

○   ○   ○

6

○ **1**   ○ **2**   ○ **3**

INSTRUCCIONES   3. Marca todos los conjuntos que tengan el mismo número de fichas que de carritos.   **4.** Marca todos los conjuntos que tengan un número de fichas mayor que el número de tortugas.   **5.** Marca todos los conjuntos que tengan un número de fichas menor que el número de camionetas.   **6.** Marca todos los números que sean menores que 3.

112 ciento doce

7

_____

- - - - - - - - -

_____

_____

- - - - - - - - -

_____

8 PIENSA MÁS +

_____

- - - - - - - - -

_____

_____

- - - - - - - - -

_____

INSTRUCCIONES **7.** María tiene estas manzanas. Dibuja un conjunto de naranjas debajo de las manzanas que tenga el mismo número. Empareja para comparar los conjuntos. Escribe cuántas frutas hay en cada conjunto. **8.** Amy tiene dos crayones. Dibuja los crayones de Amy. Brad tiene I crayón más que Amy. ¿Cuántos crayones tiene Brad? Dibuja los crayones de Brad. Escribe cuántos crayones hay en cada conjunto.

9 PIENSA MÁS +

• el mismo número

• mayor que

• menor que

10 _____ _____ _____

_____ _____ _____

INSTRUCCIONES **9.** Compara el número de fichas rojas en cada conjunto con el número de fichas azules. Dibuja una línea desde cada conjunto de fichas rojas hasta las palabras que muestren *el mismo número*, *mayor que* o *menor que*. **10.** Dibuja cuatro fichas. Luego, dibuja un conjunto que tenga un número mayor de fichas. ¿Cuántas fichas hay en cada conjunto? Escribe los números. Colorea de verde el conjunto que tenga el número mayor de fichas. Colorea de azul el conjunto que tenga un número menor de fichas que el conjunto verde.

Representar, contar y escribir números del 6 al 9

Aprendo más con

Jorge el Curioso

Las atracciones son muy populares en las ferias.

- ¿Qué me puedes decir de esta atracción?

Nombre _____

 **Muestra lo que sabes**

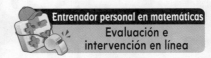 Entrenador personal en matemáticas
Evaluación e intervención en línea

Explora números hasta el 5

Compara números hasta el 5

_____

- - - - - - -

_____

- - - - - - -

_____

Escribe números hasta el 5

 0 _____ _____ _____

- - - - - - - - - - - - - - -

_____ _____ _____

Esta página es para comprobar la comprensión de las destrezas importantes que se necesitan para tener éxito con el Capítulo 3.

INSTRUCCIONES 1. Encierra en círculos las tarjetas de 3 puntos.
2. Encierra en círculos las tarjetas de 5 puntos. 3. Escribe el número de cubos de cada conjunto. Encierra en un círculo el número mayor.
4. Escribe los números del 1 al 5 en orden.

116 ciento dieciséis

Nombre _____

Desarrollo del vocabulario

el mismo número

más

menos

POLICÍA

CAMIÓN 7

ESCOLAR

BOLETOS

INSTRUCCIONES Señala los conjuntos de objetos mientras cuentas.
Encierra en un círculo dos conjuntos que tengan el mismo número de
objetos. Explica lo que sabes sobre los conjuntos que tienen más o menos
objetos que otros conjuntos de esta página.

• **Libro interactivo del estudiante**
• **Glosario multimedia**

Juego

Hileras de números

0

5

INSTRUCCIONES Juega con un compañero. Pon las tarjetas con números como se muestra en el tablero. Mezcla las otras tarjetas y ponlas boca abajo formando una pila. Los jugadores se turnan para sacar una tarjeta de la pila. Ponen la tarjeta a la derecha para formar una secuencia numérica sin saltar ningún número. La secuencia numérica puede ser hacia adelante, desde 0, o hacia atrás, desde 5. Si un jugador saca una tarjeta que no sigue ninguna secuencia numérica, devuelve la tarjeta al fondo de la pila. Gana el primer jugador que completa una secuencia numérica.

MATERIALES
2 conjuntos de tarjetas numéricas del 0 al 5

Vocabulario del Capítulo 4

comparar

compare

15

diez

ten

32

el mismo número

same number

36

emparejar

match

37

mayor

greater

57

menor, menos

less

58

pares

pairs

64

y

and

86

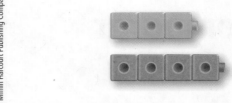

10

Comparar los cubos.

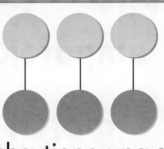

Cada ficha tiene una **pareja**.

el mismo número de fichas rojas en cada fila

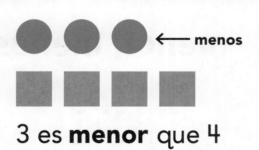

← menos

3 es **menor** que 4

6

9

9 es **mayor** que 6

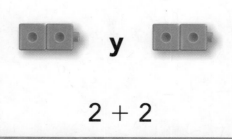

y

2 + 2

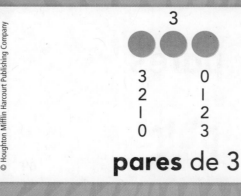

3

3
2
1
0

0
1
2
3

pares de 3

Dibújalo

Recuadro de palabras

seis

siete

ocho

nueve

el mismo número

más

menos

cinco

Palabras secretas

Jugador 1				
Jugador 2				

INSTRUCCIONES Los jugadores se turnan. Un jugador elige una palabra secreta del Recuadro de palabras y luego activa el cronómetro. El jugador hace dibujos para dar pistas sobre la palabra secreta. Si el otro jugador adivina la palabra secreta antes de que el tiempo se agote, pone una ficha en la tabla. Gana el primer jugador que llene todas sus casillas.

MATERIALES cronómetro, papel de dibujo, fichas de dos colores para cada jugador

Escríbelo

INSTRUCCIONES Traza el 8. Haz un dibujo para mostrar lo que sabes sobre el 8.
Reflexiona Prepárate para hablar de tu dibujo.

Nombre _____

Representar y contar 6

Pregunta esencial ¿Cómo muestras y cuentas 6 objetos?

Objetivo de aprendizaje Mostrarás y contarás 6 objetos.

Escucha y dibuja *En el mundo*

INSTRUCCIONES Pon una ficha en cada boleto del conjunto a medida que los cuentas. Mueve las fichas al cuadro de diez. Dibuja las fichas.

Capítulo 3 • Lección 1

seis

INSTRUCCIONES I. Pon una ficha en cada carro del conjunto a medida que los cuentas. Mueve las fichas al estacionamiento. Dibuja las fichas. Di el número mientras lo trazas.

2

6

seis

y

y

y

y

© Houghton Mifflin Harcourt Publishing Company

INSTRUCCIONES 2. Traza el número 6. Usa fichas de dos colores para representar las diferentes maneras de formar 6. Escribe para mostrar algunos pares de números que formen 6.

Capítulo 3 • Lección 1   ciento veintiuno **121**

Resolución de problemas • Aplicaciones En el mundo

3

4

INSTRUCCIONES **3.** Seis personas compraron un cubo de palomitas de maíz cada una. Cuenta los cubos de palomitas de maíz en cada conjunto. Encierra en un círculo todos los conjuntos que tengan seis cubos. **4.** Dibuja un conjunto de seis objetos. Habla sobre tu dibujo.

ACTIVIDAD PARA LA CASA • Pida a su niño que muestre un conjunto de cinco objetos. Pídale que muestre un objeto más y que diga cuántos objetos hay en el conjunto.

Representar y contar 6

Objetivo de aprendizaje Mostrarás y contarás 6 objetos.

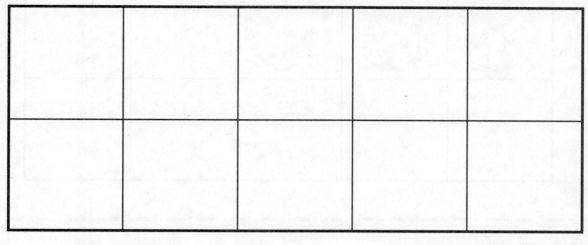

seis

 **y**

y

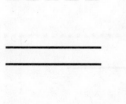

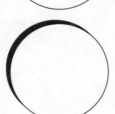 **y**

y

INSTRUCCIONES I. Traza el número 6. Usa fichas de dos colores para hacer el modelo de las diferentes maneras de formar 6. Colorea para mostrar las fichas de abajo. Escribe para mostrar algunos pares de números que formen 6.

Repaso de la lección

seis

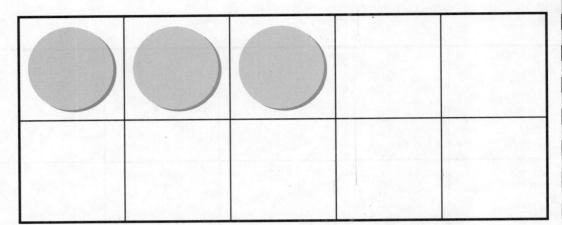

Repaso en espiral

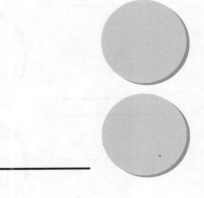

_____

- - - - - - -

_____

_____

- - - - - - -

_____

INSTRUCCIONES   I. Traza el número. ¿Cuántas fichas más pondrías en el cuadro de diez para representar una manera de formar 6? Dibuja las fichas.   **2.** Cuenta y di cuántas fichas hay en cada conjunto. Escribe los números. Compara los números. Encierra en un círculo el número menor.   **3.** Cuenta y di cuántos cubos hay. Escribe el número.

124 ciento veinticuatro

PRACTICA MÁS CON EL
**Entrenador personal
en matemáticas**

Nombre _____

Contar y escribir hasta 6

Pregunta esencial ¿Cómo cuentas y escribes hasta 6 con palabras y números?

Objetivo de aprendizaje Contarás los números hasta 6 y los escribirás en palabras y con números enteros.

Escucha y dibuja En el mundo

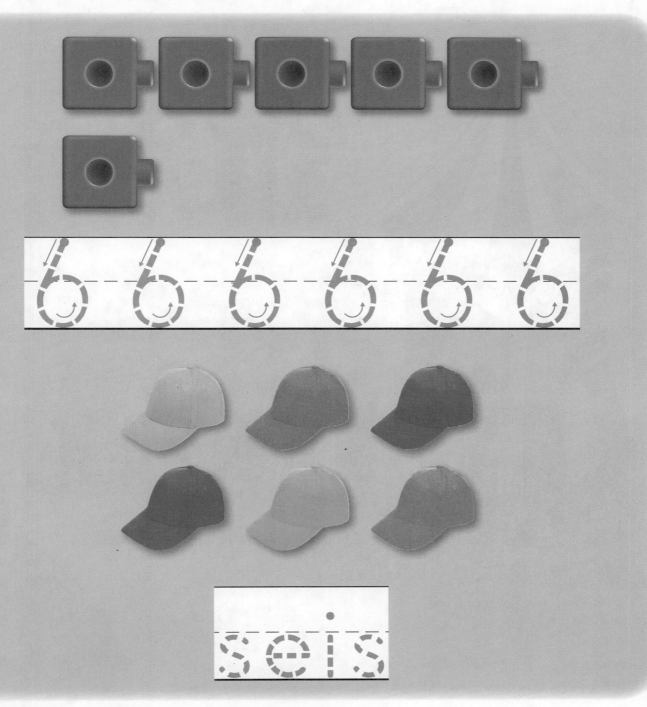

INSTRUCCIONES Cuenta y di cuántos cubos hay. Traza los números. Cuenta y di cuántas gorras hay. Traza la palabra.

INSTRUCCIONES 1. Observa la ilustración. Encierra en un círculo los conjuntos de seis objetos. Encierra en un círculo el grupo de seis personas.

2

6
seis

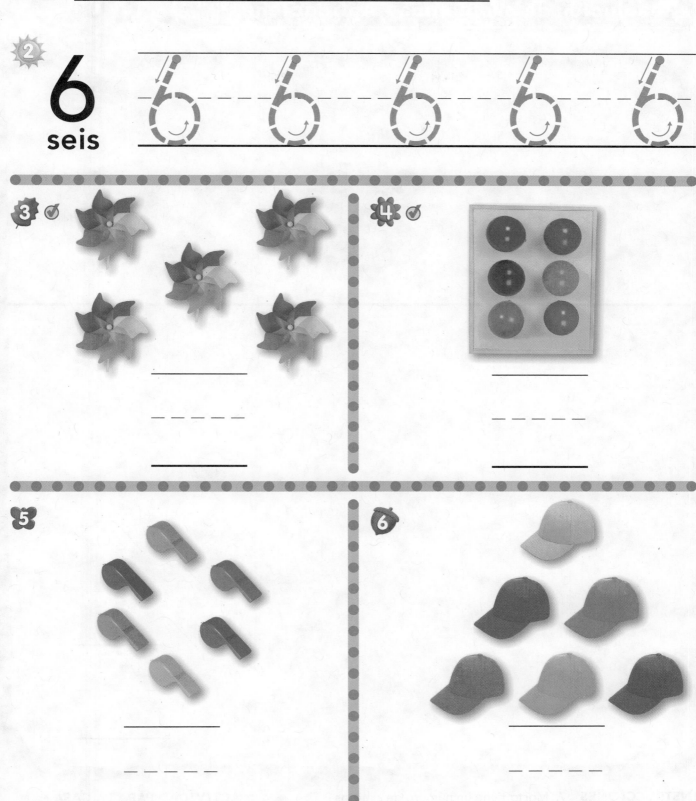

3

4

5

6

© Houghton Mifflin Harcourt Publishing Company

INSTRUCCIONES 2. Di el número. Traza los números.
3–6. Cuenta y di cuántos hay. Escribe el número.

Capítulo 3 • Lección 2

ciento veintisiete **127**

Resolución de problemas • Aplicaciones En el mundo

ESCRIBE

7

8

INSTRUCCIONES **7.** Marta tiene un número de silbatos que es dos menos que 6. Cuenta los silbatos de cada conjunto. Encierra en un círculo el conjunto que muestra un número de silbatos dos menos que 6. **8.** Dibuja un conjunto que tenga un número de objetos uno mayor que 5. Habla sobre tu dibujo. Escribe cuántos objetos hay.

ACTIVIDAD PARA LA CASA • Muestre seis objetos. Pida a su niño que señale cada objeto mientras cuenta. Luego pídale que escriba el número en un papel para mostrar cuántos hay.

Contar y escribir hasta 6

①

6
seis
6 6 6 6 6 6 6

②

_____

- - - - - - - -

_____

③

_____

- - - - - - - -

_____

④

_____

- - - - - - - -

_____

⑤

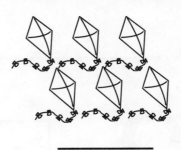

_____

- - - - - - - -

_____

INSTRUCCIONES   1. Di el número. Traza los números.
2–5. Cuenta y di cuántos hay. Escribe el número.

Repaso de la lección

_____

- - - - - - - - - - -

_____

Repaso en espiral

_____

- - - - - - - - - - -

_____

_____

- - - - - - - - - - -

_____

2

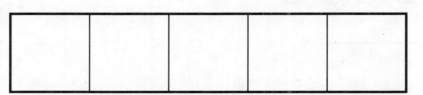

PRACTICA MÁS CON EL
Entrenador personal
en matemáticas

Nombre _____

Representar y contar 7

Pregunta esencial ¿Cómo muestras y cuentas 7 objetos?

Objetivo de aprendizaje Mostrarás y contarás 7 objetos.

 Escucha y dibuja

INSTRUCCIONES Haz un modelo de 6 objetos. Muestra un objeto más. ¿Cuántos hay? Cuéntale a un amigo cómo lo sabes. Dibuja los objetos.

Capítulo 3 • Lección 3

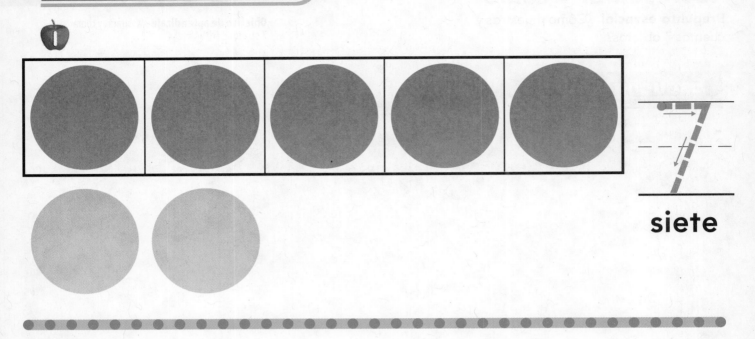

siete

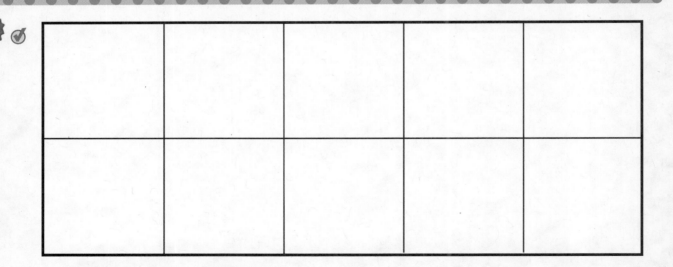

5 y _____ **más**

INSTRUCCIONES **1.** Pon las fichas como se muestra. Cuenta y di cuántas hay. Traza el número. **2.** ¿Cuántas fichas más tiene 7 que 5? Escribe el número. **3.** Pon fichas en el cuadro de diez para representar siete. Cuéntale a un amigo lo que sabes sobre el número 7.

132 ciento treinta y dos

4

7
siete

y

y

y

y

INSTRUCCIONES **4.** Traza el número. Usa fichas de dos colores para representar las distintas maneras de formar 7. Escribe para mostrar algunos pares de números que formen 7.

Resolución de problemas • Aplicaciones *En el mundo*

ESCRIBE

5

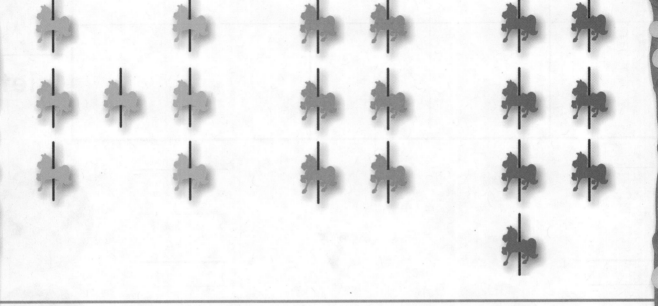

6

INSTRUCCIONES 5. Un carrusel necesita tener siete caballitos. Cuenta los caballitos en cada conjunto. ¿Cuáles conjuntos muestran siete caballitos? Encierra en un círculo esos conjuntos. **6.** Dibuja para mostrar lo que sabes sobre el número 7. Cuéntale a un amigo sobre tu dibujo.

ACTIVIDAD PARA LA CASA • Pida a su niño que muestre un conjunto de seis objetos. Pídale que muestre un objeto más y que diga cuántos objetos hay en el conjunto.

134 ciento treinta y cuatro

Representar y contar 7

Objetivo de aprendizaje Mostrarás y contarás 7 objetos.

1

7
siete

_ _ _ _ _

_____ ◯ **y** _ _ _ _ _ ◯

_____ ◯ **y** _ _ _ _ _ ◯

_____ ◯ **y** _ _ _ _ _ ◯

_____ ◯ **y** _ _ _ _ _ ◯

INSTRUCCIONES 1. Traza el número 7. Usa fichas de dos colores para representar las diferentes maneras de formar 7. Colorea para mostrar las fichas de abajo. Escribe para mostrar algunos pares de números que formen 7.

Repaso de la lección

1

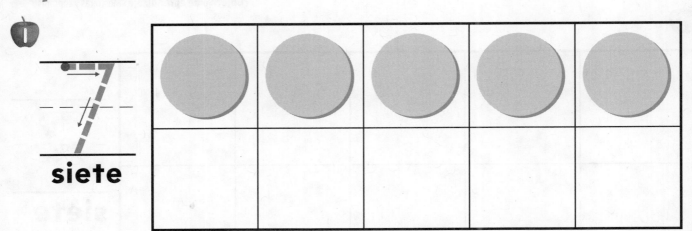

7

siete

Repaso en espiral

2

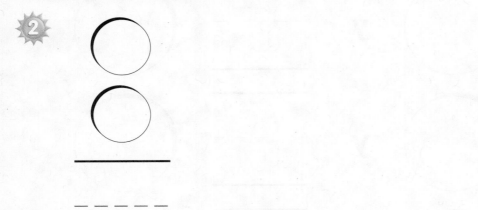

3

INSTRUCCIONES **1.** Traza el número. ¿Cuántas fichas más pondrías en el cuadro de diez para representar una manera de formar 7? Dibuja las fichas. **2.** Cuenta y di cuántas fichas hay en cada conjunto. Escribe los números. Compara los números. Encierra en un círculo el número menor. **3.** Cuenta y di cuántos hay. Escribe el número.

PRACTICA MÁS CON EL
Entrenador personal
en matemáticas

Nombre _____

Contar y escribir hasta 7

Pregunta esencial ¿Cómo cuentas y escribes hasta 7 con palabras y números?

Objetivo de aprendizaje Contarás los números hasta 7 y los escribirás en palabras y con números enteros.

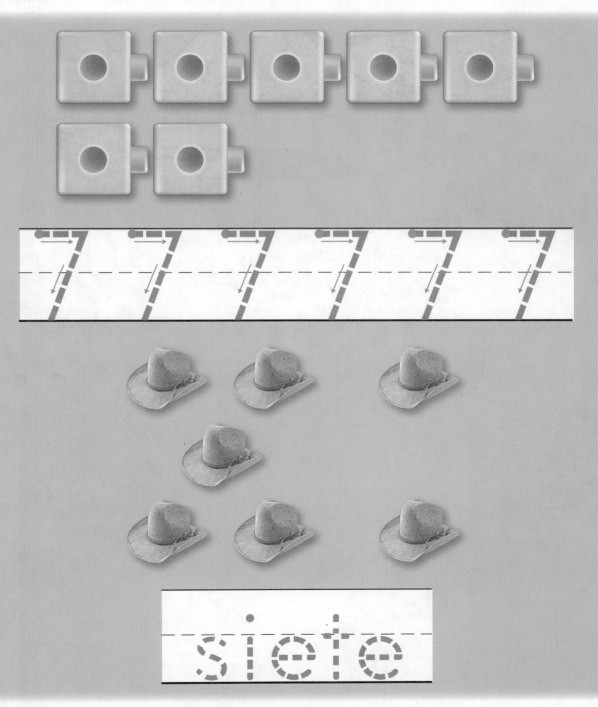

INSTRUCCIONES Cuenta y di cuántos cubos hay. Traza los números. Cuenta y di cuántos sombreros hay. Traza la palabra.

INSTRUCCIONES 1. Observa la ilustración. Encierra en un círculo todos los conjuntos de siete objetos.

2

7
siete

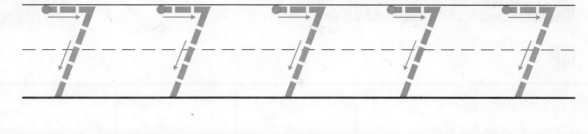

3 ✓

_____

\- \- \- \- \- \-

_____

4

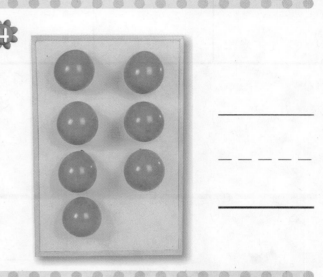

_____

\- \- \- \- \- \-

_____

5

_____

\- \- \- \- \- \-

_____

6

_____

\- \- \- \- \- \-

_____

© Houghton Mifflin Harcourt Publishing Company • Image Credits: (bl) ©Stockbyte/Getty Images (br) ©PhotoDisc/Getty Images

INSTRUCCIONES **2.** Di el número. Traza los números. **3–6.** Cuenta y di cuántos hay. Escribe el número.

ACTIVIDAD PARA LA CASA • Muestre a su niño siete objetos. Pídale que señale cada objeto mientras los cuenta. Luego pídale que escriba el número en un papel para mostrar cuántos objetos hay.

✓ Revisión de la mitad del capítulo

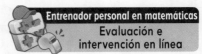
Conceptos y destrezas

 1

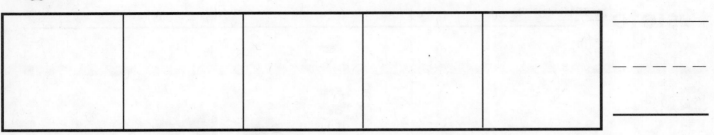

2 _____

- - - - - - - - - -

_____

3 _____

- - - - - - - - - -

_____

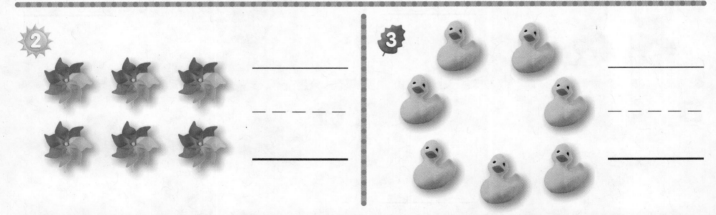

4 PIENSA MÁS

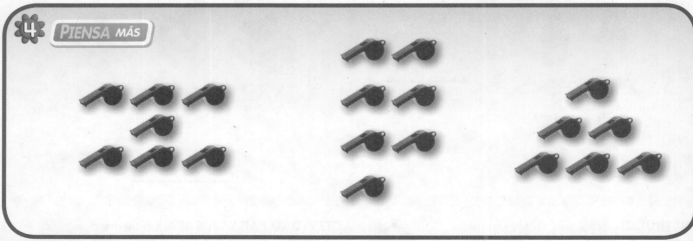

INSTRUCCIONES 1. Usa fichas para representar el número 7. Dibuja las fichas. Escribe el número. 2–3. Cuenta y di cuántos hay. Escribe el número. 4. Encierra en un círculo todos los conjuntos de 7 silbatos.

Contar y escribir hasta 7

Objetivo de aprendizaje Contarás los números hasta 7 y los escribirás en palabras y con números enteros.

1

7
siete

2

_____

- - - - - - - -

_____

3

_____

- - - - - - - -

_____

4

_____

- - - - - - - -

_____

5

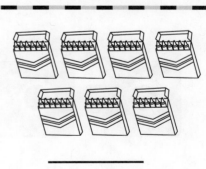

_____

- - - - - - - -

_____

INSTRUCCIONES 1. Di el número. Traza los números.
2–5. Cuenta y di cuántos hay. Escribe el número.

Repaso de la lección

_____

– – – – – – –

_____

Repaso en espiral

3

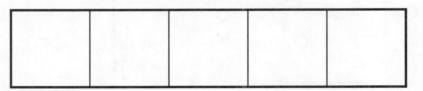

_____

– – – – – – –

_____

INSTRUCCIONES   1. Cuenta y di cuántas gomas de borrar hay. Escribe el número.   **2.** ¿Cuántas fichas pondrías en el cuadro de cinco para mostrar el número? Dibuja las fichas.   **3.** Cuenta y di cuántos cubos hay. Escribe el número.

142 ciento cuarenta y dos

PRACTICA MÁS CON EL
Entrenador personal
en matemáticas

Nombre _____

Representar y contar 8

Pregunta esencial ¿Cómo muestras y cuentas 8 objetos?

Objetivo de aprendizaje Mostrarás y contarás 8 objetos.

Escucha y dibuja

INSTRUCCIONES Haz un modelo de 7 objetos. Muestra un objeto más. ¿Cuántos hay? Dile a un amigo cómo lo sabes. Dibuja los objetos.

①

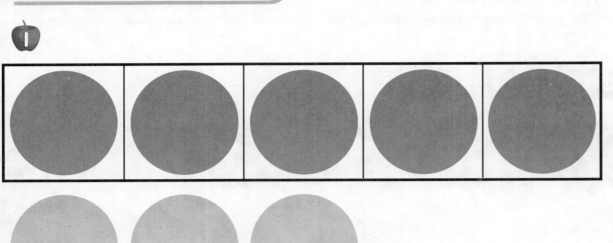

8

ocho

②

5 y ___ más

③ ✓

INSTRUCCIONES **1.** Pon las fichas como se muestra. Cuenta y di cuántas fichas hay. Traza el número. **2.** ¿Cuánto mayor que 5 es 8? Escribe el número. **3.** Pon las fichas en el cuadro de diez para representar ocho. Cuéntale a un amigo lo que sabes sobre el número 8.

4

8
ocho

y

y

y

y

INSTRUCCIONES 4. Traza el número 8. Usa fichas de dos colores para representar las diferentes maneras de formar 8. Escribe para mostrar algunos pares de números que formen 8.

Resolución de problemas • Aplicaciones

En el mundo

ESCRIBE

5

6

INSTRUCCIONES **5.** Dave ordenó unos conjuntos de pelotas según su color. Cuenta las pelotas en cada conjunto. ¿Cuáles conjuntos muestran ocho pelotas? Encierra en un círculo esos conjuntos. **6.** Dibuja para mostrar lo que sabes sobre el número 8. Cuéntale a un amigo sobre tu dibujo.

ACTIVIDAD PARA LA CASA • Pida a su niño que muestre un conjunto de siete objetos. Pídale que muestre un objeto más y que diga cuántos hay.

146 ciento cuarenta y seis

Representar y contar 8

Objetivo de aprendizaje Mostrarás y contarás 8 objetos.

1

8

ocho

y

y

y

y

INSTRUCCIONES 1. Traza el número 8. Usa fichas de dos colores para representar las diferentes maneras de formar 8. Colorea para mostrar las fichas de abajo. Escribe para mostrar algunos pares de números que formen 8.

Repaso de la lección

1

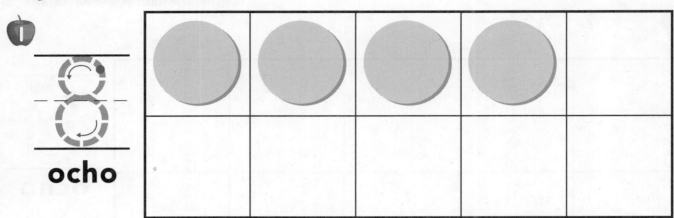

8
ocho

Repaso en espiral

2

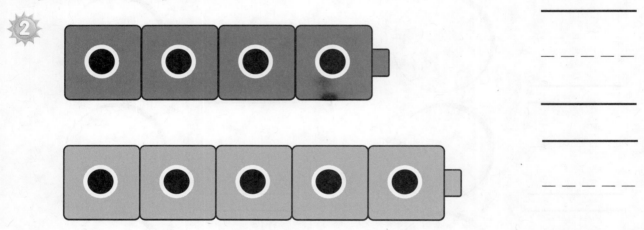

3

INSTRUCCIONES I. Traza el número. ¿Cuántas fichas más pondrías en el cuadro de diez para representar una manera de formar 8? Dibuja las fichas. **2.** Cuenta y di cuántos cubos hay en cada conjunto. Escribe los números. Compara los números. Encierra en un círculo el número mayor. **3.** Cuenta y di cuántos hay. Escribe el número.

148 ciento cuarenta y ocho

PRACTICA MÁS CON EL
Entrenador personal en matemáticas

Nombre _____

Contar y escribir hasta 8

Pregunta esencial ¿Cómo cuentas y escribes hasta 8 con palabras y números?

Objetivo de aprendizaje Contarás los números hasta 8 y los escribirás en palabras y con números enteros.

Escucha y dibuja En el mundo

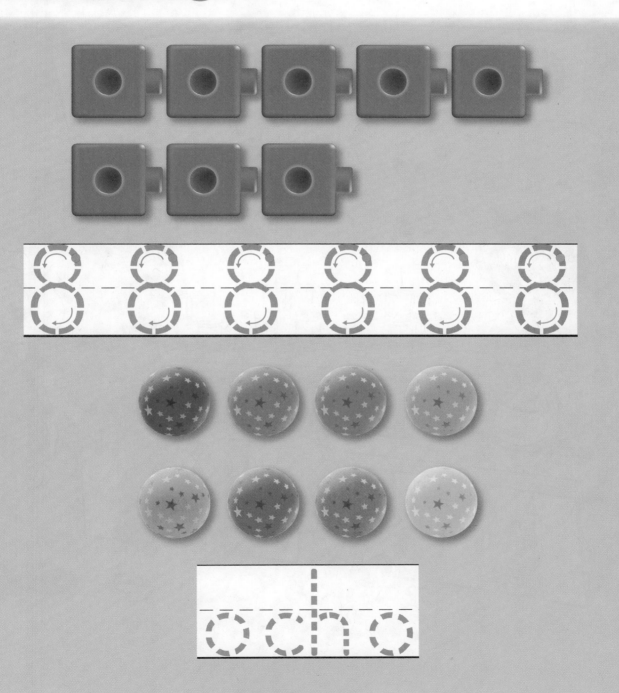

INSTRUCCIONES Cuenta y di cuántos cubos hay. Traza los números. Cuenta y di cuántas pelotas hay. Traza la palabra.

Capítulo 3 • Lección 6

INSTRUCCIONES **1.** Observa la ilustración. Encierra en un círculo todos los conjuntos de ocho objetos.

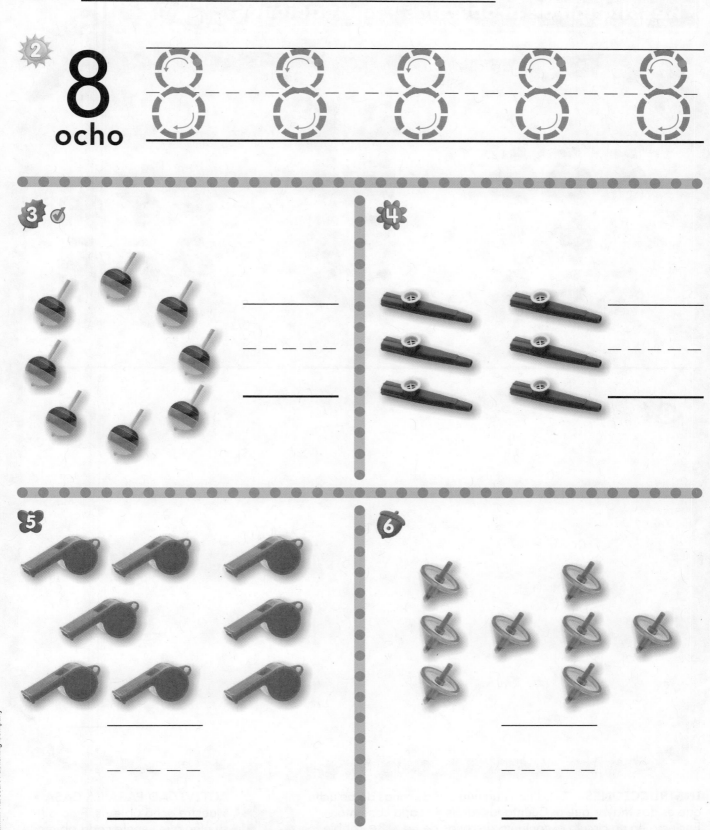

2

8
ocho

8 8 8 8 8

3 ✓

4

5

6

INSTRUCCIONES **2.** Di el número. Traza los números.
3–6. Cuenta y di cuántos hay. Escribe el número.

Resolución de problemas · Aplicaciones En el mundo

ESCRIBE

⑦

⑧

INSTRUCCIONES **7.** Ed tiene un número de ranas de peluche que es dos mayor que 6. Cuenta las ranas en cada conjunto. Encierra en un círculo el conjunto de ranas de Ed. **8.** Robbie ganó diez premios en la feria. Marissa ganó un número de premios que es "dos menos que el de Robbie". Dibuja para mostrar los premios de Marissa. Escribe cuántos hay.

ACTIVIDAD PARA LA CASA · Muestre ocho objetos. Pida a su niño que señale cada objeto mientras cuenta. Luego pídale que escriba el número en un papel para mostrar cuántos objetos hay.

Contar y escribir hasta 8

Objetivo de aprendizaje Contarás los números hasta 8 y los escribirás en palabras y con números enteros.

1

8
ocho

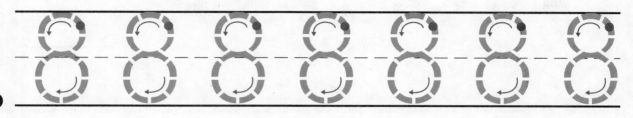

2

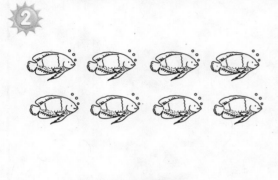

_____

— — — — — — —

_____

3

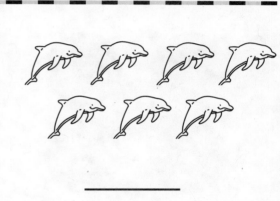

_____

— — — — — — —

_____

4

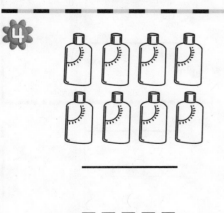

_____

— — — — — — —

_____

5

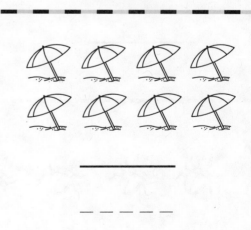

_____

— — — — — — —

_____

INSTRUCCIONES   1. Di el número. Traza los números.
2–5. Cuenta y di cuántos hay. Escribe el número.

Repaso de la lección

_____

- - - - - - - - - -

_____

Repaso en espiral

_____	_____
- - - - - - - -	- - - - - - - -
_____	_____

_____

- - - - - - - - - -

_____

_____

- - - - - - - - - -

_____

INSTRUCCIONES **I.** Cuenta y di cuántas abejas hay. Escribe el número. **2.** Cuenta y di cuántas fichas hay en cada conjunto. Escribe los números. Compara los números. Encierra en un círculo el número mayor. **3.** Cuenta y di cuántos escarabajos hay. Escribe el número.

154 ciento cincuenta y cuatro

PRACTICA MÁS CON EL
Entrenador personal
en matemáticas

Nombre _____

Representar y contar 9

Pregunta esencial ¿Cómo muestras y cuentas 9 objetos?

Objetivo de aprendizaje Mostrarás y contarás 9 objetos.

Escucha y dibuja

INSTRUCCIONES Haz un modelo de 8 objetos. Muestra un objeto más. ¿Cuántos hay ahora? Cuéntale a un amigo cómo lo sabes. Dibuja los objetos.

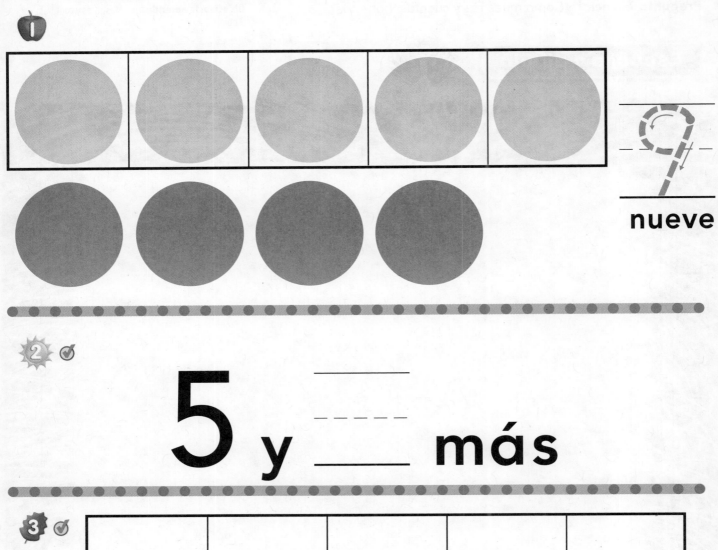

1

nueve

2 ✓

5 y ____ más

3 ✓

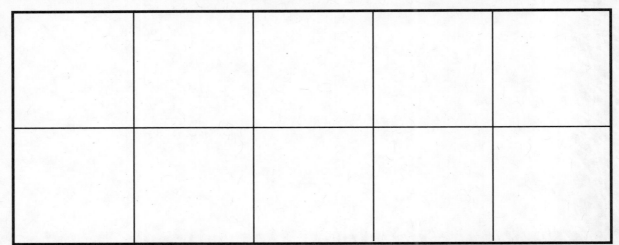

INSTRUCCIONES 1. Pon las fichas como se muestra. Cuenta y di cuántas fichas hay. Traza el número. 2. ¿Cuánto mayor que 5 es 9? Escribe el número. 3. Pon las fichas en el cuadro de diez para representar nueve. Dile a un amigo lo que sabes sobre el número 9.

4

nueve

y

y

y

y

© Houghton Mifflin Harcourt Publishing Company

INSTRUCCIONES 4. Traza el número 9. Usa fichas de dos colores para representar las distintas maneras de formar 9. Escribe para mostrar algunos pares de números que formen 9.

Resolución de problemas • Aplicaciones En el mundo

ESCRIBE

5

6

INSTRUCCIONES 5. El Sr. López está montando exhibiciones con conjuntos de nueve banderas. Cuenta cuántas banderas hay en cada conjunto. ¿Cuáles conjuntos muestran nueve banderas? Encierra con un círculo esos conjuntos. **6.** Dibuja para mostrar lo que sabes sobre el número 9. Cuéntale a un amigo sobre tu dibujo.

ACTIVIDAD PARA LA CASA • Pida a su niño que muestre un conjunto de ocho objetos. Pídale que muestre un objeto más y que diga cuántos hay.

Nombre_____

Representar y contar 9

Objetivo de aprendizaje Mostrarás y contarás 9 objetos.

1

nueve

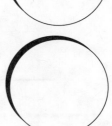

y

y

y

y

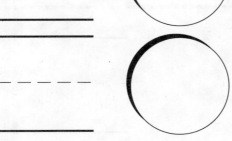
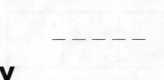

INSTRUCCIONES   1. Traza el número 9. Usa fichas de dos colores para representar las diferentes maneras de formar 9. Colorea para mostrar las fichas de abajo. Escribe para mostrar algunos pares de números que formen 9.

Repaso de la lección

1

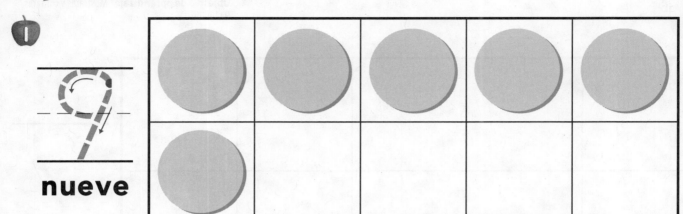

9
nueve

Repaso en espiral

2

_____

– – – – – – –

_____

3

_____

– – – – – – –

_____

INSTRUCCIONES   1. Traza el número. ¿Cuántas fichas más pondrías en el cuadro de diez para representar una manera de formar 9? Dibuja las fichas.   **2.** Cuenta y di cuántos hay en cada conjunto. Escribe los números. Compara los números. Encierra en un círculo el número mayor.   **3.** Cuenta y di cuántas fichas hay. Escribe el número.

PRACTICA MÁS CON EL
Entrenador personal
en matemáticas

Nombre _____

Contar y escribir hasta 9

Pregunta esencial ¿Cómo cuentas y escribes hasta 9 con palabras y números?

Objetivo de aprendizaje Contarás los números hasta 9 y los escribirás en palabras y con números enteros.

Escucha y dibuja *En el mundo*

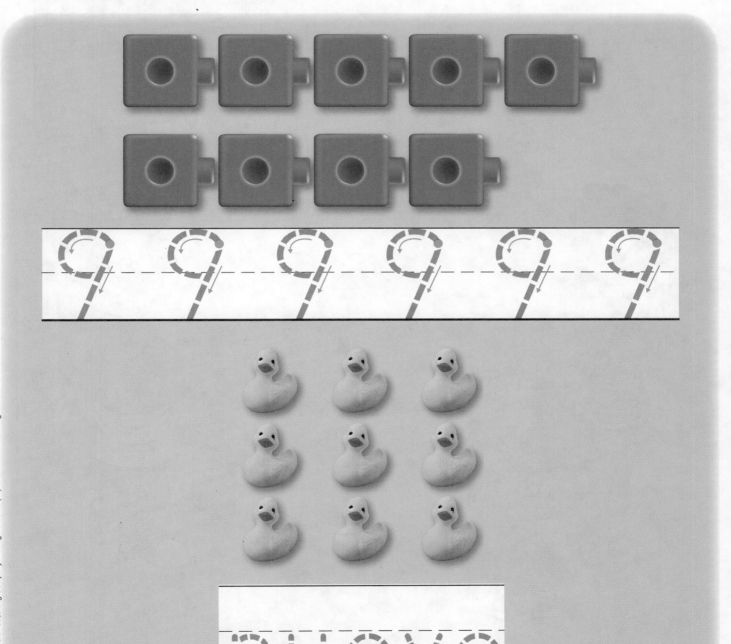

INSTRUCCIONES Cuenta y di cuántos cubos hay. Traza los números. Cuenta y di cuántos patos hay. Traza la palabra.

Aros

INSTRUCCIONES 1. Observa la ilustración. Encierra en un círculo todos los conjuntos de nueve objetos.

Nombre _____

9
nueve

$9 \quad 9 \quad 9 \quad 9 \quad 9$

3 ✓

_____

- - - - - - - -

_____

4

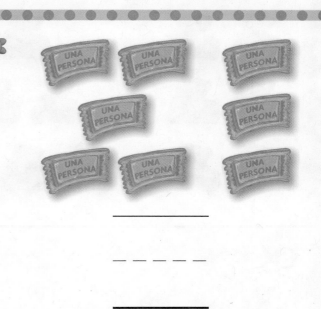

_____

- - - - - - - -

_____

5

_____

- - - - - - - -

_____

6

_____

- - - - - - - -

_____

INSTRUCCIONES 2. Di el número. Traza los números.
3–6. Cuenta y di cuántos hay. Escribe el número.

Capítulo 3 • Lección 8

ciento sesenta y tres **163**

Resolución de problemas · Aplicaciones En el mundo

_____

_ _ _ _ _ _ _ _ _

_____

INSTRUCCIONES **7.** Eva quiere hallar el conjunto que tiene un osito menos que 10. Encierra en un círculo ese conjunto. **8.** Dibuja un conjunto que tenga dos objetos más que 7. Escribe cuántos hay.

ACTIVIDAD PARA LA CASA • Pida a su niño que busque algo en la casa que tenga el número 9, como un reloj o un teléfono.

Contar y escribir hasta 9

Objetivo de aprendizaje Contarás los números hasta 9 y los escribirás en palabras y con números enteros.

①

9
nueve

9 9 9 9 9 9 9

②

_____

_ _ _ _ _ _ _

_____

③

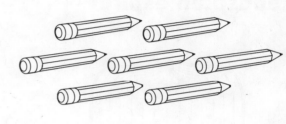

_____

_ _ _ _ _ _ _

_____

④

_____

_ _ _ _ _ _ _

_____

⑤

_____

_ _ _ _ _ _ _

_____

INSTRUCCIONES **I.** Di el número. Traza los números.
2–5. Cuenta y di cuántos hay. Escribe el número.

Repaso de la lección

_____

- - - - - - - - - -

_____

Repaso en espiral

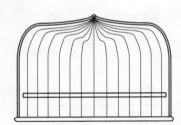

_____

- - - - - - - - - -

_____

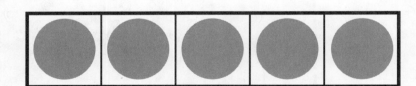

_____

- - - - - - - - - -

_____

INSTRUCCIONES   I. Cuenta y di cuántas ardillas hay. Escribe el número.   **2.** ¿Cuántas aves hay en la jaula? Escribe el número.   **3.** ¿Cuántas fichas hay? Escribe el número.

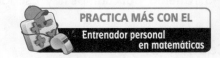

PRACTICA MÁS CON EL
Entrenador personal en matemáticas

Nombre _____

Resolución de problemas •
Números hasta el 9

Pregunta esencial ¿Cómo resuelves los problemas con la estrategia *dibujar*?

Objetivo de aprendizaje Usarás la estrategia de *dibujar* al mostrar el número de objetos en cada conjunto para resolver problemas.

Soluciona el problema En el mundo

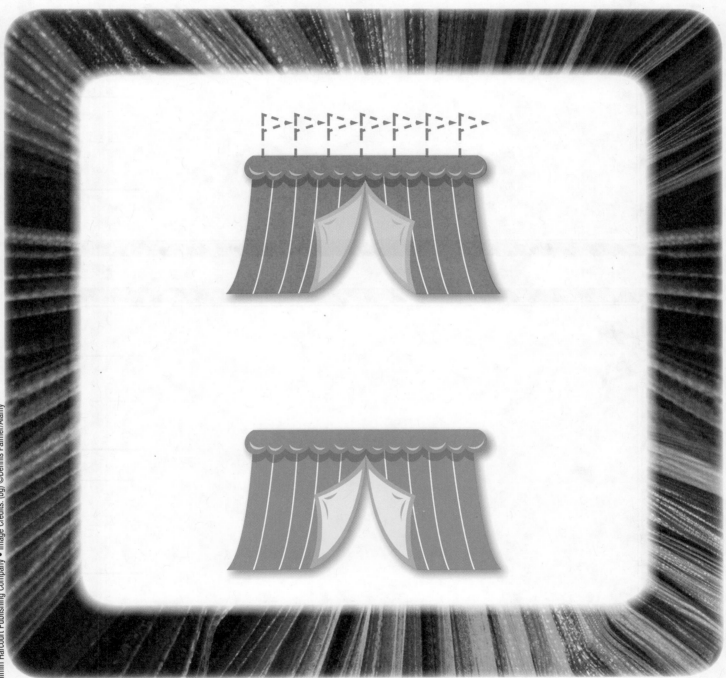

INSTRUCCIONES En la carpa roja hay siete banderas. Traza las banderas. La carpa azul tiene un número de banderas que es uno mayor que las de la carpa roja. ¿Cuántas banderas hay en la carpa azul? Dibuja las banderas. Explícale a un amigo tu dibujo.

INSTRUCCIONES I. Bianca compra cinco sombreros. Leigh compra un número de sombreros que es dos mayor que 5. Dibuja los sombreros. Escribe los números. 2. Donna gana nueve fichas. Jackie gana un número de fichas que es dos menos que 9. Dibuja las fichas. Escribe los números.

168 ciento sesenta y ocho

Nombre _____

INSTRUCCIONES **3.** Gary tiene ocho boletos. Cuatro boletos son rojos. Los demás son azules. ¿Cuántos son azules? Dibuja los boletos. Escribe el número junto a cada conjunto de boletos. **4.** Ann tiene siete globos. Molly tiene un conjunto de globos que es menor que siete. ¿Cuántos globos tiene Molly? Dibuja los globos. Escribe el número al lado de cada conjunto de globos.

Por tu cuenta

5 ESCRIBE

_____

- - - - -

_____

6

INSTRUCCIONES   5. En las tazas giratorias hay seis asientos. El número de asientos de un tren es dos menos que 8. ¿Cuántos asientos hay en el tren? Dibuja los asientos. Escribe el número.   **6.** Elige dos números entre 0 y 9. Dibuja para mostrar lo que sabes sobre esos números.

ACTIVIDAD PARA LA CASA • Pida a su niño que diga dos números entre 0 y 9, y que diga lo que sabe sobre ellos.

Resolución de problemas •
Números hasta el 9

Objetivo de aprendizaje Usarás la estrategia de *dibujar* al mostrar el número de objetos en cada conjunto para resolver problemas.

———————

– – – – – – –

———————

– – – – – – –

———————

———————

– – – – – – –

———————

———————

– – – – – – –

———————

INSTRUCCIONES   I. Sally tiene seis flores. Tres flores son amarillas. Las otras son rojas. ¿Cuántas son rojas? Dibuja las flores. Escribe el número junto a cada conjunto de flores.   **2.** Tim tiene siete bellotas. Dan tiene un número de bellotas que es dos menos que 7. ¿Cuántas bellotas tiene Dan? Dibuja las bellotas. Escribe los números.

Repaso de la lección

_____

– – – – – – –

_____

_____

– – – – – – –

_____

Repaso en espiral

_____

– – – – – – –

_____

_____   _____

– – – – – – –   – – – – – – –

_____   _____

INSTRUCCIONES   I. Pete tiene 5 canicas. Jay tiene un número de canicas que es dos más que 5. ¿Cuántas canicas tiene Jay? Dibuja las canicas. Escribe los números.   **2.** Cuenta y di cuántos libros hay.   **3.** Cuenta y di cuántas hay en cada conjunto. Escribe los números. Compara los números. Encierra en un círculo el número mayor.

PRACTICA MÁS CON EL
Entrenador personal
en matemáticas

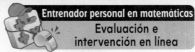
Entrenador personal en matemáticas
Evaluación e intervención en línea

✓ Repaso y prueba del Capítulo 3

①

②

③

_____

- - - - - - - - - - - -

_____

④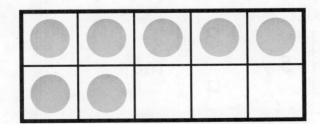

_____

- - - - - - - - - - - -

_____

INSTRUCCIONES **1.** Encierra en un círculo todos los conjuntos que muestran 6. **2.** Encierra en un círculo todos los conjuntos que muestran 7. **3–4.** Cuenta y di cuántos hay. Escribe el número.

© Houghton Mifflin Harcourt Publishing Company • Image Credits: (hats) ©PhotoDisc/Getty Images

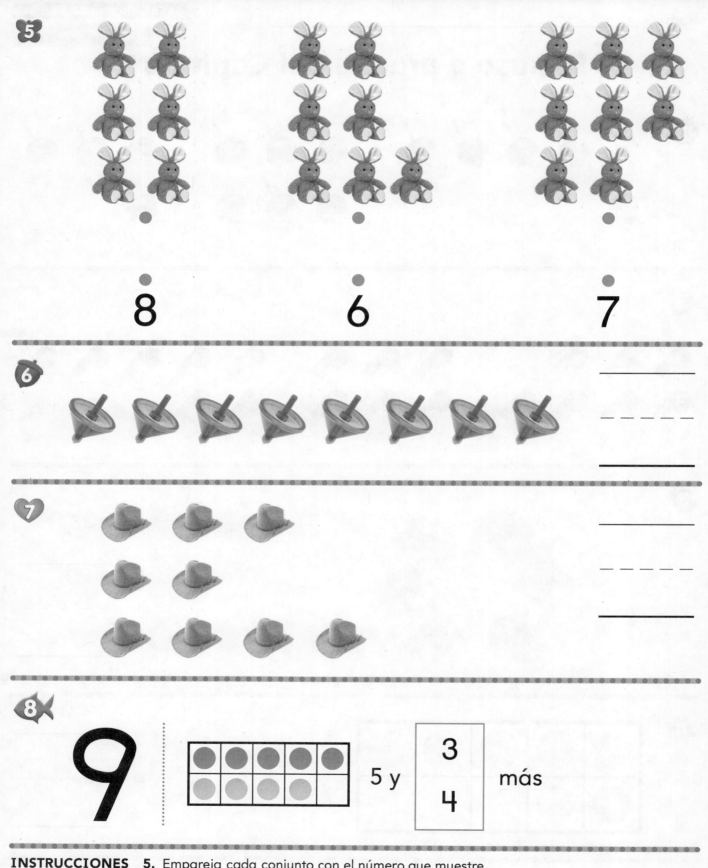

5

● 8

● 6

● 7

6

_____

- - - - - -

_____

7

_____

- - - - - -

_____

8

9   5 y | 3 | más
         | 4 |

INSTRUCCIONES **5.** Empareja cada conjunto con el número que muestre cuántos hay. **6–7.** Cuenta para decir cuántos hay. Escribe el número. **8.** El cuadro de diez muestra 5 fichas rojas y algunas fichas amarillas. Si hay cinco, ¿cuántas más forman 9? Elige el número.

174 ciento setenta y cuatro

Entrenador personal en matemáticas

9 PIENSA MÁS +

_____

- - - - - -

_____

_____

- - - - - -

_____

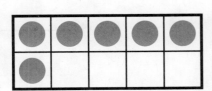   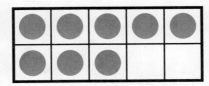   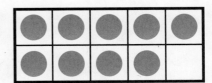

     ○   ○   ○

INSTRUCCIONES 9. Jeffrey tiene 8 canicas. Sarah tiene un número de canicas que es uno mayor que 8. Dibuja las canicas. Escribe el número de cada conjunto de canicas. **10.** Elige todos los cuadros de diez que tengan un número de fichas mayor que 6.

PIENSA MÁS ✚

_____

- - - - - - -

_____

12

_____

- - - - - - -

_____

INSTRUCCIONES **11.** El número de tortugas en un estanque es 2 menos que 9. Dibuja fichas para representar las tortugas. Escribe el número. **12.** Dibuja un conjunto que tenga un número de objetos que sea 2 más que 6. Escribe el número.

176 ciento setenta y seis

Representar y comparar números hasta el 10

Aprendo más con
Jorge el Curioso

Los manzanos crecen de una semilla pequeña.

- ¿Como cuántas semillas hay en una manzana?

Nombre _____

 **Muestra lo que sabes**

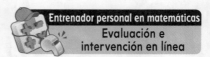 Entrenador personal en matemáticas
Evaluación e
intervención en línea

Dibuja objetos hasta 9

9

7

Escribe números hasta el 9

③ 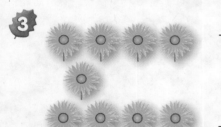 _____
  _ _ _ _ _ _ _ _
  _____

④  _____
  _ _ _ _ _ _ _ _
  _____

⑤  _____
  _ _ _ _ _ _ _ _
  _____

⑥  _____
  _ _ _ _ _ _ _ _
  _____

Esta página es para comprobar la comprensión de las destrezas importantes que se necesitan para tener éxito con el Capítulo 4.

INSTRUCCIONES   1. Dibuja 9 flores.   **2.** Dibuja 7 flores.
3–6. Cuenta y di cuántas hay. Escribe el número.

Desarrollo del vocabulario

mayor

menor

el mismo número

INSTRUCCIONES Encierra en un círculo las palabras que describan el número de zanahorias y el número de tallos de apio. Usa *mayor* o *menor* para describir el número de árboles y el número de arbustos.

- **Libro interactivo del estudiante**
- **Glosario multimedia**

Juego
¡Gira la flecha y cuenta!

SALIDA

LLEGADA

INSTRUCCIONES Juega con un compañero. Pon fichas en la SALIDA. Usa un lápiz y un clip para formar una flecha giratoria sobre los números. Túrnense para hacer girar la flecha. Cada jugador mueve su ficha al siguiente espacio que tenga el mismo número de objetos que el número indicado por la flecha. **Gana** el primer jugador que alcance la LLEGADA.

MATERIALES Dos fichas, lápiz, clip

Vocabulario del Capítulo 5

diez

ten

32

es igual a

is equal to

39

más (+)

plus (+)

50

nueve

nine

61

ocho

eight

62

seis

six

71

siete

seven

72

sumar

add

73

$$3 + 2 = 5$$

es igual a

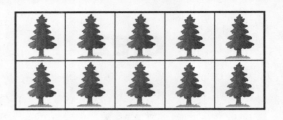

10

9

$$2 + 2 = 4$$

signo de suma

6

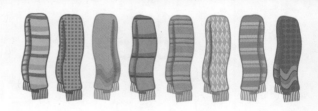

8

$$2 + 4 = 6$$

7

Juego

Memoria

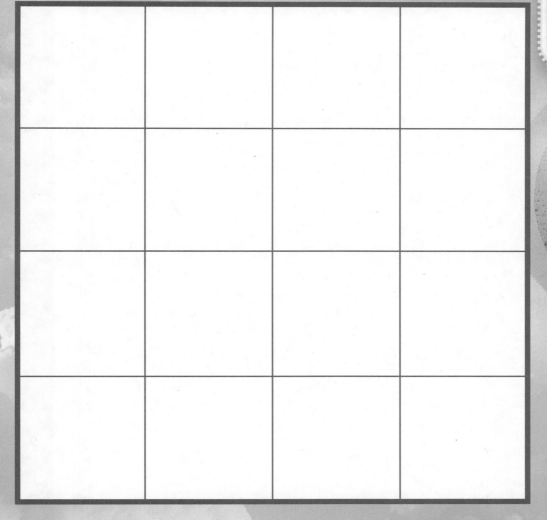

Recuadro de palabras

y

comparar

mayor que

menor que

emparejar

par

el mismo número

diez

INSTRUCCIONES Baraja las Tarjetas de palabras. Coloca cada tarjeta boca abajo en cada una de las casillas de arriba. Un jugador voltea dos tarjetas. Si son iguales, el jugador dice lo que sabe de la palabra y se queda con las tarjetas. Si no son iguales, el jugador vuelve a colocar las tarjetas boca abajo. Los jugadores se turnan. Gana el jugador con más pares.

MATERIALES 1 juego de Tarjetas de palabras

Capítulo 4

Diario

Escríbelo

INSTRUCCIONES Haz un dibujo para mostrar cómo comparar dos conjuntos de objetos.
Reflexiona Prepárate para hablar de tu dibujo.

Nombre _____

Representar y contar 10

Pregunta esencial ¿Cómo muestras y cuentas 10 objetos?

Objetivo de aprendizaje Mostrarás y contarás 10 objetos.

Escucha y dibuja En el mundo Manos a la obra

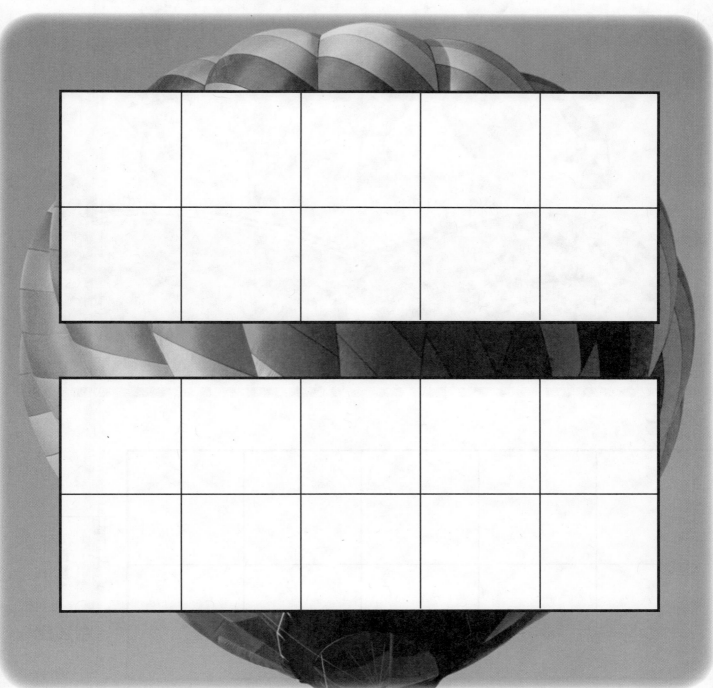

INSTRUCCIONES Usa fichas para representar 9 en el cuadro de diez de arriba. Usa fichas para representar 10 en el cuadro de diez de abajo. Dibuja las fichas. Habla sobre los cuadros de diez.

Capítulo 4 • Lección 1

ciento ochenta y uno **181**

1

2 ✓

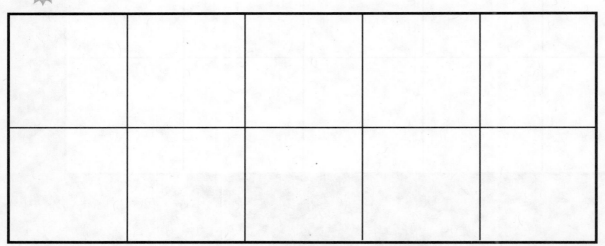

diez

INSTRUCCIONES **1.** Pon una ficha en cada globo. **2.** Mueve las fichas al cuadro de diez. Dibuja las fichas. Señala las fichas mientras las cuentas. Traza el número.

3

10

diez

y

y

y

y

INSTRUCCIONES **3.** Traza el número. Usa fichas para
representar las maneras diferentes de formar 10. Escribe para
mostrar varios pares de números que formen 10.

Capítulo 4 • Lección 1   ciento ochenta y tres **183**

Resolución de problemas • Aplicaciones

4

5

INSTRUCCIONES **4.** Michelle agrupa sus adhesivos de estrellas en conjuntos de 10. Encierra en un círculo todos los conjuntos de adhesivos de estrellas de Michelle. **5.** Dibuja para mostrar lo que sabes sobre el número 10. Explícale tu dibujo a un amigo.

ACTIVIDAD PARA LA CASA • Pida a su niño que muestre un conjunto de nueve objetos. Pídale que muestre un objeto más y que diga cuántos objetos hay en el conjunto.

Representar y contar 10

Objetivo de aprendizaje Mostrarás y contarás 10 objetos.

I0

diez

_____   ◯   **y**   _____   ◯

_____   ◯   **y**   _____   ◯

_____   ◯   **y**   _____   ◯

_____   ◯   **y**   _____   ◯

INSTRUCCIONES Traza el número. Usa fichas para hacer representar las diferentes maneras de formar I0. Colorea para mostrar las fichas de abajo. Escribe para mostrar algunos pares de números que formen I0.

Repaso de la lección

diez

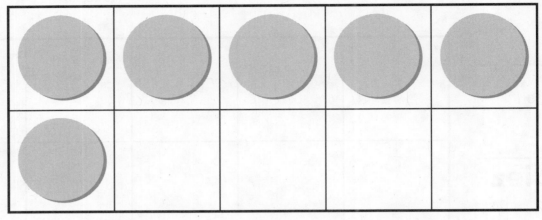

Repaso en espiral

_____

- - - - - - - - - - -

_____

_____

- - - - - - - - - - -

_____

_____

- - - - - - - - - - -

_____

INSTRUCCIONES   1. Traza el número. ¿Cuántas fichas más pondrías en el cuadro de diez para representar una manera de formar 10? Dibuja las fichas.   **2.** Cuenta cuántas cometas hay. Escribe el número. Dibuja para mostrar un conjunto de fichas que tenga el mismo número que el conjunto de cometas. Escribe el número.   **3.** Cuenta y di cuántos hay. Escribe el número.

PRACTICA MÁS CON EL
Entrenador personal
en matemáticas

Nombre _____

Contar y escribir hasta 10

Pregunta esencial ¿Cómo cuentas y escribes hasta 10 con palabras y números?

Objetivo de aprendizaje Contarás los números hasta 10 y los escribirás en palabras y con números enteros.

Escucha y dibuja En el mundo

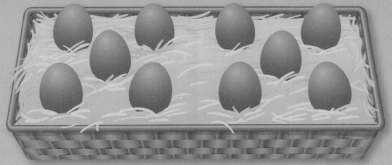

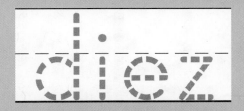

INSTRUCCIONES Cuenta y di cuántos cubos hay. Traza los números. Cuenta y di cuántos huevos hay. Traza los números y la palabra.

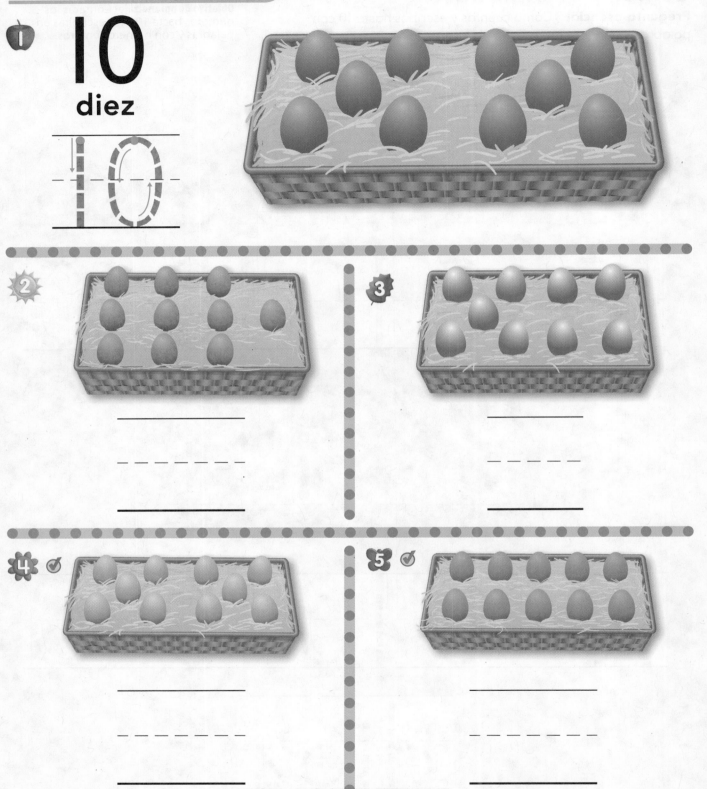

1 10 diez

2

3

4

5

INSTRUCCIONES 1. Cuenta y di cuántos huevos hay. Traza el número. 2–5. Cuenta y di cuántos huevos hay. Escribe el número.

10
diez

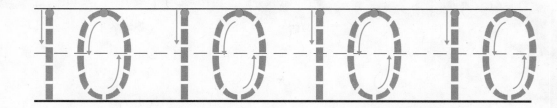

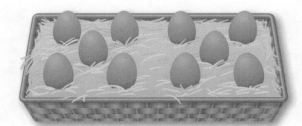

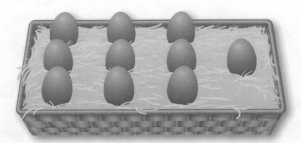

INSTRUCCIONES **6.** Di el número. Traza los números.
7–9. Cuenta y di cuántos hay. Escribe el número.

Resolución de problemas • Aplicaciones En el mundo

⑩

ESCRIBE

INSTRUCCIONES 10. Dibuja un conjunto que tenga un número de objetos que sea uno mayor que 9. Escribe cuántos objetos hay. Explícale tu dibujo a un amigo.

ACTIVIDAD PARA LA CASA • Muestre diez objetos. Pida a su niño que señale cada objeto del conjunto mientras los cuenta. Luego pídale que escriba el número en un papel para mostrar cuántos hay.

Contar y escribir hasta 10

Objetivo de aprendizaje Contarás los números hasta 10 y los escribirás en palabras y con números enteros.

1

10
diez

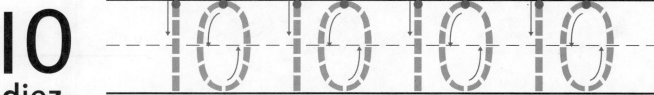

2

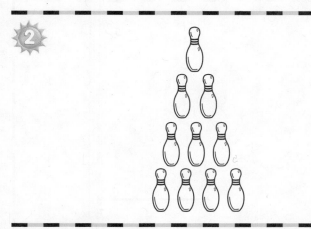

_____

- - - - - - - - - - -

_____

3

_____

- - - - - - - - - - -

_____

4

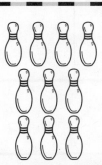

_____

- - - - - - - - - - -

_____

INSTRUCCIONES   1. Di el número. Traza los números.
2–4. Cuenta y di cuántos hay. Escribe el número.

Repaso de la lección

_____

- - - - - - - - - - -

_____

Repaso en espiral

_____   _____

- - - - - - - - -   - - - - - - - - -

_____   _____

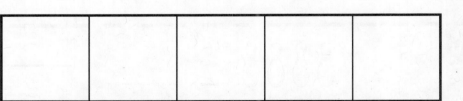

INSTRUCCIONES **1.** Cuenta y di cuántas mazorcas hay. Escribe el número.
2. Cuenta y di cuántas fichas hay en cada conjunto. Escribe los números. Compara
los números. Encierra en un círculo el número menor. **3.** ¿Cuántas fichas
pondrías en el cuadro de cinco? Traza el número.

192 ciento noventa y dos

PRACTICA MÁS CON EL
Entrenador personal
en matemáticas

Nombre _____

Álgebra • Maneras de formar 10

Pregunta esencial ¿Cómo usas un dibujo para formar 10 a partir de un número dado?

Objetivo de aprendizaje Usarás dibujos para mostrar maneras de formar 10 a partir de un número dado.

Escucha y dibuja

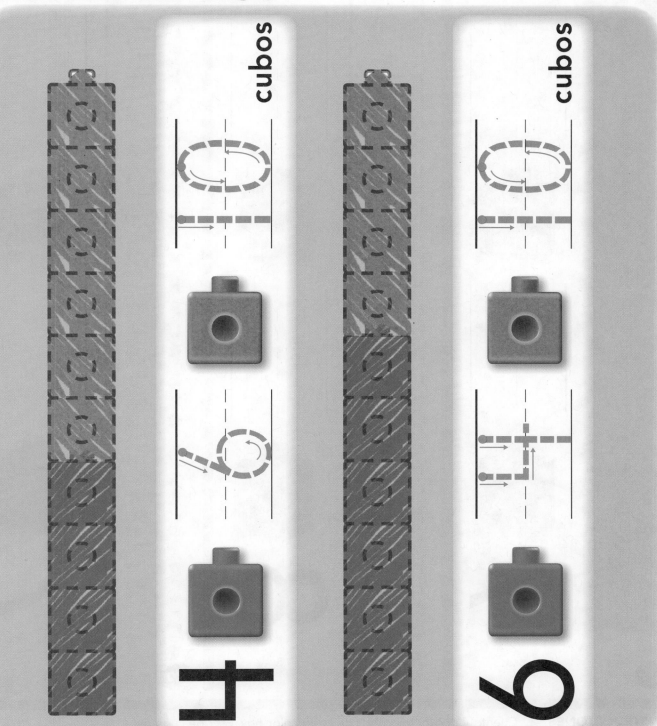

INSTRUCCIONES Usa cubos de dos colores para mostrar diferentes maneras de formar 10. Traza el número de cubos rojos. Traza el número total de cubos.

Capítulo 4 • Lección 3

ciento noventa y tres **193**

1.

cubos

_____

9

cubos

_____

8

cubos

_____

7

INSTRUCCIONES **1.** Cuenta y di cuántos cubos de cada color hay. Escribe cuántos cubos rojos hay. Escribe cuántos cubos hay en total. **2–3.** Colorea de azul los cubos para emparejarlos con el número. Colorea de rojo los otros cubos. Escribe cuántos cubos rojos hay. Escribe cuántos cubos hay en total.

cubos

_____
_____

cubos

_____
_____

cubos

_____
_____

5

3

2

© Houghton Mifflin Harcourt Publishing Company

INSTRUCCIONES 4–6. Colorea de azul los cubos para emparejarlos
con el número. Colorea de rojo los otros cubos. Escribe cuántos cubos rojos
hay. Escribe cuántos cubos hay en total.

Resolución de problemas • Aplicaciones En el mundo

ESCRIBE

10

10

10

⑦

⑧

⑨

INSTRUCCIONES 7–9. Jill usa el lado punteado de dos fichas con números para formar 10. Dibuja los puntos en cada ficha numérica para mostrar una manera en que Jill puede formar 10. Escribe los números.

ACTIVIDAD PARA LA CASA • Pida a su niño que muestre un conjunto de 10 objetos, usando objetos del mismo tipo, pero que se diferencien de alguna manera; por ejemplo, clips pequeños y grandes. Pídale que escriba los números para mostrar cuántos objetos de cada tipo hay en el conjunto.

196 ciento noventa y seis

© Houghton Mifflin Harcourt Publishing Company

Álgebra • Maneras de formar 10

Objetivo de aprendizaje Usarás dibujos para mostrar maneras de formar 10 a partir de un número dado.

1

7

azul

rojo

_____ cubos

2

6

azul

rojo

_____ cubos

3

2

azul

rojo

_____ cubos

INSTRUCCIONES 1–3. Colorea de azul los cubos para emparejarlos con el número. Colorea de rojo los otros cubos. Escribe cuántos cubos rojos hay. Traza o escribe el número que muestre cuántos cubos hay en total.

Repaso de la lección

1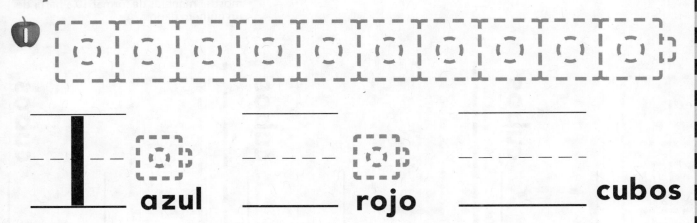

_____ azul _____ rojo _____ cubos

Repaso en espiral

2

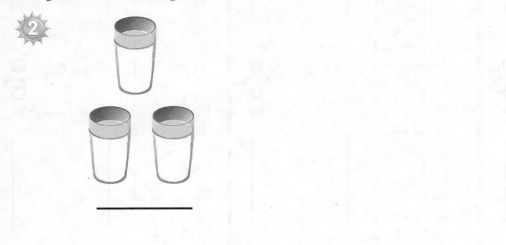

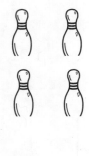

_____

- - - - -

_____

_____

- - - - -

_____

3

_____

- - - - -

_____

INSTRUCCIONES   1. Colorea de azul el cubo para emparejarlo con el número. Usa rojo para colorear los otros cubos. Escribe cuántos cubos rojos hay. Escribe el número que muestra cuántos cubos hay en total.   **2.** Cuenta y di cuántos hay en cada conjunto. Escribe los números. Compara los números. Encierra en un círculo el número mayor.   **3.** ¿Cuántas aves hay? Escribe el número.

PRACTICA MÁS CON EL
Entrenador personal
en matemáticas

Nombre _____

Contar y ordenar hasta 10

Pregunta esencial ¿Cómo cuentas hacia adelante hasta 10 desde un número dado?

Objetivo de aprendizaje Contarás hacia adelante de uno en uno hasta 10 a partir de un número dado.

Escucha y dibuja

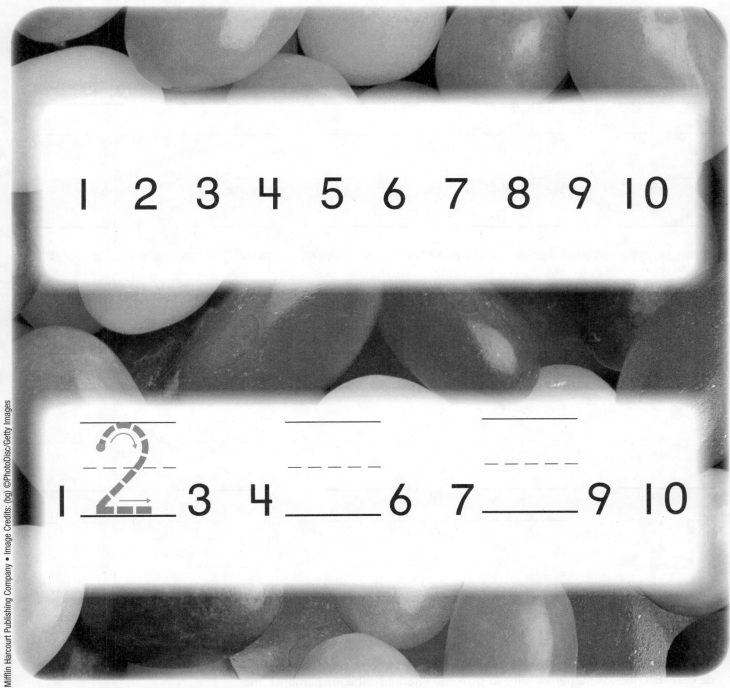

1 2 3 4 5 6 7 8 9 10

2

1 2 ___ 3 4 ___ 6 7 ___ 9 10

INSTRUCCIONES Señala los números de la sección de arriba mientras cuentas hacia adelante hasta 10. En la sección de abajo, traza y escribe los números en orden mientras cuentas hacia adelante hasta 10.

Capítulo 4 • Lección 4

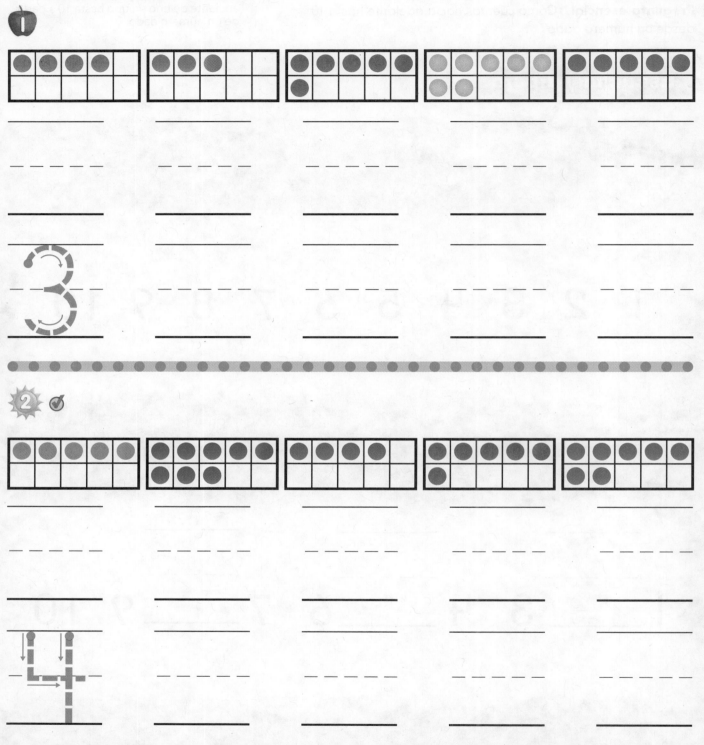

INSTRUCCIONES 1-2. Cuenta los puntos de cada color en los cuadros de diez. Escribe los números. Mira la próxima línea. Escribe los números en orden mientras cuentas hacia adelante desde el número punteado.

3

5

4 ✓

6

INSTRUCCIONES 3–4. Cuenta los puntos de cada color en los cuadros de diez. Escribe los números. Mira la próxima línea. Escribe los números en orden mientras cuentas hacia adelante desde el número punteado.

ACTIVIDAD PARA LA CASA • En un papel, escriba los números del 1 al 10 en orden. Pida a su niño que señale cada número mientras cuenta hasta 10. Repita la actividad empezando a contar desde un número que no sea 1.

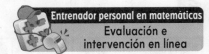
①

_____

_ _ _ _ _ _

_____

- -

②

_____

6 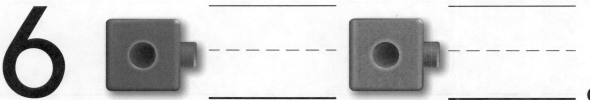 **cubos**

③ PIENSA MÁS

7 8 _ _ _ _ 10

INSTRUCCIONES 1. Pon fichas en el cuadro de diez para representar 10. Dibuja las fichas. Escribe el número. **2.** Colorea de azul los cubos para emparejarlos con el número. Colorea de rojo los otros cubos. Escribe cuántos cubos rojos hay. Escribe cuántos cubos hay en total. **3.** Cuenta hacia adelante. Escribe el número para completar el orden de conteo.

Contar y ordenar hasta 10

Objetivo de aprendizaje Contarás hacia adelante de uno en uno hasta 10 a partir de un número dado.

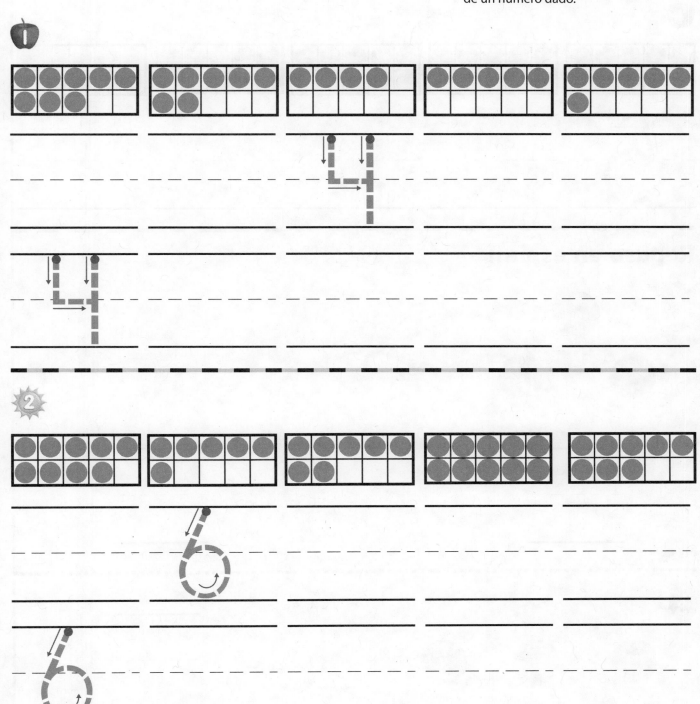

INSTRUCCIONES **1–2.** Cuenta los puntos en los cuadros de diez. Traza o escribe los números. Observa la siguiente línea. Escribe los números en orden mientras cuentas hacia adelante desde el número punteado.

Repaso de la lección

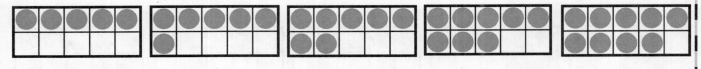

Repaso en espiral

_____

- - - - - - - -

_____

_____

- - - - - - - -

_____

INSTRUCCIONES 1. Cuenta los puntos en los cuadros de diez. Traza el número. Escribe los números en orden mientras cuentas hacia adelante desde el número punteado. **2.** Cuenta y di cuántas fichas hay en cada conjunto. Escribe los números. Compara los números. Encierra en un círculo el número menor. **3.** ¿Cuántas fichas hay? Escribe el número.

204 doscientos cuatro

Nombre _____

Resolución de problemas • Emparejar para comparar conjuntos de hasta 10

Pregunta esencial ¿Cómo resolvemos problemas con la estrategia *hacer un modelo*?

Objetivo de aprendizaje Usarás la estrategia de *hacer un modelo* al comparar trenes de cubos para resolver problemas.

Soluciona el problema

INSTRUCCIONES Separa un tren de diez cubos en dos partes. ¿Cómo emparejar nos ayuda a comparar las dos partes? Cuéntale a un amigo sobre los trenes de cubos. Dibuja los trenes de cubos.

Capítulo 4 • Lección 5

doscientos cinco **205**

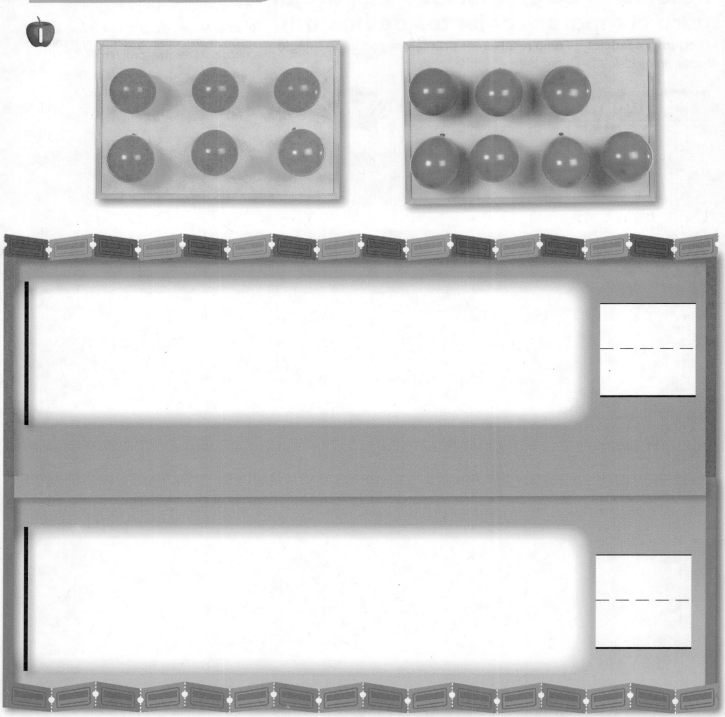

INSTRUCCIONES **I.** Malia tiene los globos rojos. Andrew tiene los globos azules. ¿Quién tiene más globos? Usa *i*Tools o trenes de cubos rojos y azules para representar los conjuntos de globos. Empareja para comparar los trenes de cubos. Dibuja y colorea los trenes de cubos. Escribe cuántos hay en cada conjunto. ¿Qué número es mayor? Encierra en un círculo ese número.

Comparte y muestra

2 ✓

_____
- - - - - - -
_____

_____
- - - - - - -
_____

3

_____
- - - - - - -
_____

_____
- - - - - - -
_____

INSTRUCCIONES **2.** Kyle tiene 9 boletos. Jared tiene 7 boletos. ¿Quién tiene menos boletos? Representa los conjuntos de boletos con trenes de cubos. Empareja para comparar los trenes de cubos. Dibuja y colorea los trenes de cubos. Escribe cuántos hay. Encierra en un círculo el número menor. **3.** Phil ganó 8 premios. Naomi ganó 5 premios. ¿Quién ganó menos premios? Representa los conjuntos de premios con trenes de cubos. Empareja para comparar los trenes de cubos. Dibuja y colorea los trenes de cubos. Escribe cuántos hay. Encierra en un círculo el número menor.

© Houghton Mifflin Harcourt Publishing Company

Por tu cuenta

4

_____

_ _ _ _

_____

_____

_ _ _ _

_____

INSTRUCCIONES 4. Ryan tiene un tren de cubos rojos y azules. ¿Tiene su tren de cubos más cubos azules o rojos? Usa los cubos del tren de Ryan para hacer trenes de cubos de cada color. Empareja para comparar los trenes de cubos. Dibuja y colorea los trenes de cubos. Escribe cuántos cubos hay en cada tren. Encierra en un círculo el número mayor.

ACTIVIDAD PARA LA CASA · Pida a su niño que muestre dos conjuntos de hasta 10 objetos. Luego pídale que empareje los conjuntos para compararlos, y que diga qué conjunto tiene más objetos.

Nombre _____

Resolución de problemas •
Emparejar para comparar
conjuntos hasta 10

Objetivo de aprendizaje Usarás la estrategia de *hacer un modelo* al comparar trenes de cubos para resolver problemas.

1

_____

- - - - - - -

_____

- - - - - - -

_____

2

_____

- - - - - - -

_____

_____

- - - - - - -

_____

INSTRUCCIONES 1. Kim tiene 7 globos rojos. Jake tiene 3 globos azules. ¿Quién tiene menos globos? Usa trenes de cubos para representar los conjuntos de globos. Compara los trenes de cubos. Dibuja y colorea los trenes de cubos. Escribe cuántos hay. Encierra en un círculo el número menor. **2.** Meg tiene 8 cuentas rojas. Beni tiene 5 cuentas azules. ¿Quién tiene más cuentas? Usa trenes de cubos para representar los conjuntos de cuentas. Empareja los trenes de cubos para comparar. Dibuja y colorea los trenes de cubos. Escribe cuántos hay. Encierra en un círculo el número mayor.

Capítulo 4

doscientos nueve **209**

Repaso de la lección

_____

- - - - - - - - -

_____

_____

- - - - - - - - -

_____

Repaso en espiral

_____

- - - - - - - - -

_____

_____

- - - - - - - - -

_____

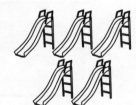

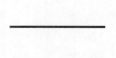

_____

- - - - - - - - -

_____

INSTRUCCIONES **I.** Mia tiene 6 canicas rojas. Zack tiene 2 canicas azules. ¿Quién tiene más canicas? Usa trenes de cubos para representar los conjuntos de canicas. Empareja los trenes de cubos para comparar. Dibuja y colorea los trenes de cubos. Escribe cuántos hay. Encierra en un círculo el número mayor. **2.** Cuenta y di cuántas fichas hay en cada conjunto. Escribe los números. Compara los números. Encierra en un círculo el número mayor. **3.** Cuenta y di cuántos hay. Escribe el número.

PRACTICA MÁS CON EL
Entrenador personal
en matemáticas

Comparar contando conjuntos hasta 10

Objetivo de aprendizaje Usarás estrategias de conteo para comparar conjuntos de objetos.

Pregunta esencial ¿Cómo comparas conjuntos de objetos usando las estrategias de conteo?

Escucha y dibuja En el mundo

INSTRUCCIONES Observa los conjuntos de objetos. Cuenta cuántos hay en cada conjunto. Traza los números que muestren cuántos hay. Compara los números.

1

_____

- - - - - - - -

_____

2

_____

- - - - - - - -

_____

3

_____

- - - - - - - -

_____

INSTRUCCIONES   1–3. Cuenta cuántos hay en cada conjunto. Escribe el número de objetos de cada conjunto. Compara los números. Encierra en un círculo el número mayor.

_____

- - - - - - -

_____

_____

- - - - - - -

_____

_____

- - - - - - -

_____

INSTRUCCIONES 4–6. Cuenta cuántos hay en cada conjunto. Escribe el número de objetos de cada conjunto. Compara los números. Encierra en un círculo el número menor.

Resolución de problemas · Aplicaciones En el mundo

ESCRIBE

7

_____

_ _ _ _ _ _ _

_____

_____

_ _ _ _ _ _ _

_____

8

INSTRUCCIONES **7.** Megan compró gorros y obsequios para una fiesta. ¿Cuántos gorros compró? ¿Cuántos obsequios compró? Escribe el número de objetos de cada conjunto. Compara los números. Cuéntale a un amigo acerca de los conjuntos. **8.** Dibuja para mostrar lo que sabes sobre contar conjuntos hasta 10 con el mismo número de objetos.

ACTIVIDAD PARA LA CASA • Muestre a su niño dos conjuntos de hasta 10 objetos. Pídale que cuente los objetos de cada conjunto. Luego pídale que compare el número de objetos de cada conjunto, y que diga lo que sabe sobre esos números.

Nombre _____

Comparar contando conjuntos de hasta 10

Objetivo de aprendizaje Usarás estrategias de conteo para comparar conjuntos de objetos.

1

_____

- - - - - - - - - - - - - -

_____

2

_____

- - - - - - - - - - - - - -

_____

3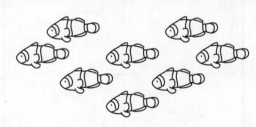

_____

- - - - - - - - - - - - - -

_____

INSTRUCCIONES Cuenta cuántos hay en cada conjunto. Escribe el número de objetos de cada conjunto. Compara los números. **1–2.** Encierra en un círculo el número menor. **3.** Encierra en un círculo el número mayor.

Repaso de la lección

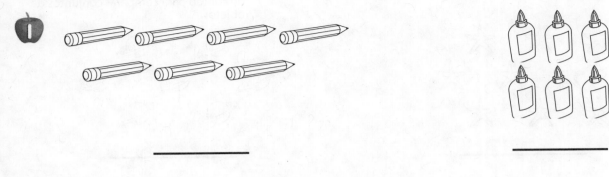

1 ＿＿＿＿＿＿＿＿＿

- - - - - - - - -

＿＿＿＿＿＿＿＿＿

＿＿＿＿＿＿＿＿＿

- - - - - - - - -

＿＿＿＿＿＿＿＿＿

Repaso en espiral

＿＿＿＿＿＿＿＿＿

2 - - - - - - - - -

＿＿＿＿＿＿＿＿＿

3

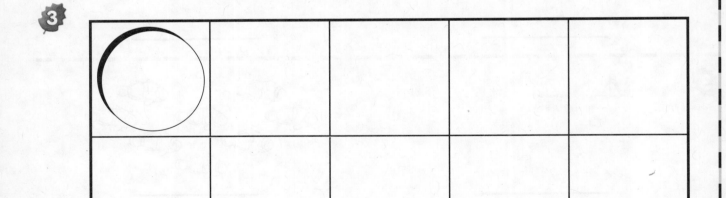

INSTRUCCIONES **1.** Cuenta y di cuántos hay en cada conjunto. Escribe los números. Compara los números. Encierra en un círculo el número menor. **2.** ¿Cuántos silbatos hay? Escribe el número. **3.** ¿Cuántas fichas más pondrías en el cuadro de diez para mostrar una manera de formar 6? Dibuja las fichas.

Nombre _____

Comparar dos números

Pregunta esencial ¿Cómo comparas dos números entre el 1 y el 10?

Objetivo de aprendizaje Compararás los valores de dos números entre 1 y 10.

Escucha y dibuja En el mundo

7

7 es menor que 8

7 es mayor que 8

8

8 es menor que 7

8 es mayor que 7

INSTRUCCIONES Observa los números. Cuando cuentas hacia adelante, ¿el 7 viene antes o después del 8? ¿Es mayor o menor que 8? Encierra en un círculo las palabras que describan los números al compararlos.

1

3   (8)

2

10   5

3

6   4

4 ✓

7   9

5 ✓

10   8

INSTRUCCIONES 1. Observa los números. Piensa en el orden de conteo mientras comparas los números. Encierra en un círculo el número mayor. **2–5.** Observa los números. Piensa en el orden de conteo mientras comparas los números. Encierra en un círculo el número mayor.

218 doscientos dieciocho

6

2   4

7

5   3

8

8   9

9

10   7

10

6   8

INSTRUCCIONES 6–10. Observa los números. Piensa en el orden de conteo mientras comparas los números. Encierra en un círculo el número menor.

Resolución de problemas • Aplicaciones En el mundo

11.

_____
- - - - -
_____

_____
- - - - -
_____

12

_____
- - - - -
_____

_____
- - - - -
_____

INSTRUCCIONES **11.** John tiene un número de manzanas mayor que 5 y menor que 7. Cody tiene un número de manzanas que es dos menos que 8. Escribe cuántas manzanas tiene cada niño. Compara los números. Cuéntale a un amigo sobre los números. **12.** Escribe dos números entre 1 y 10. Cuéntale a un amigo sobre los dos números.

ACTIVIDAD PARA LA CASA • Escriba los números del 1 al 10 en trozos separados de papel. Seleccione dos números y pida a su niño que los compare, y que diga cuál es mayor y cuál es menor.

Nombre _____

Comparar dos números

Objetivo de aprendizaje Compararás los valores de dos números entre 1 y 10.

1 8   5

2 10   7

3 6   9

4 4   6

5 8   7

6 5   3

INSTRUCCIONES **1–3.** Observa los números. Piensa en el orden de conteo mientras comparas los números. Encierra en un círculo el número mayor. **4–6.** Observa los números. Piensa en el orden de conteo mientras comparas los números. Encierra en un círculo el número menor.

Repaso de la lección

7   8

Repaso en espiral

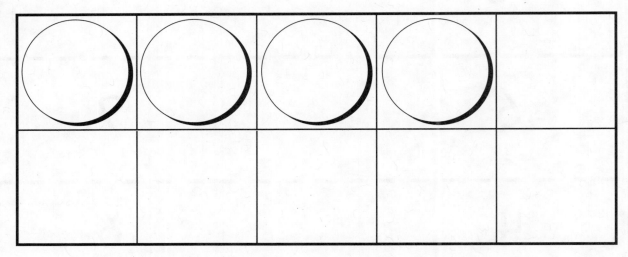

_____

- - - - - - -

_____

INSTRUCCIONES 1. Observa los números. Piensa en el orden de conteo mientras comparas los números. Encierra en un círculo el número mayor. **2.** ¿Cuántas fichas más pondrías en el cuadro de diez para mostrar una manera de formar 8? Dibuja las fichas. **3.** ¿Cuántas aves hay? Escribe el número.

© Houghton Mifflin Harcourt Publishing Company

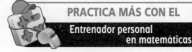

PRACTICA MÁS CON EL
Entrenador personal
en matemáticas

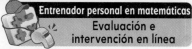

✓ Repaso y prueba del Capítulo 4

1

2

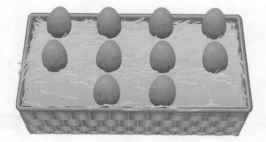

3

10

nueve
diez

INSTRUCCIONES   1. Encierra en un círculo todos los conjuntos de 10 estrellas.   **2.** ¿Cuántos huevos hay? Escribe el número.   **3.** ¿De qué otra manera se puede escribir 10? Encierra la palabra en un círculo.

4

_____

_ _ _ _ _ _

_____ cubos

_____

_ _ _ _ _ _

_____

_____

_ _ _ _ _ _

_____

5

3   7

6 PIENSA MÁS +   Entrenador personal en matemáticas

5 6 7 8	○ Sí	○ No
8 10 9 7	○ Sí	○ No
7 8 9 10	○ Sí	○ No

INSTRUCCIONES 4. Escribe cuántos cubos rojos hay. Escribe cuántos cubos azules hay. Escribe cuántos cubos hay en total. **5.** Observa los números. Piensa en el orden de conteo mientras comparas los números. Encierra en un círculo el número menor. **6.** ¿Están los números en orden de conteo? Escoge Sí o No.

224 doscientos veinticuatro

7 ♥

● ● ● ● ● ● ● ●

_____

- - - - - - - - -

_____

- - - - - - - - -

_____

8 🐟

_____

- - - - - - - - -   - - - - - - - - -

_____   _____

9 🐚

7   8   9

○   ○   ○

INSTRUCCIONES 7. Escribe cuántas fichas hay en el conjunto. Usa líneas de emparejar para dibujar un conjunto de fichas con un número menor que las fichas mostradas. Escribe el número. Encierra en un círculo el número menor. **8.** Cuenta cuántos hay en cada conjunto. Escribe los números. Encierra en un círculo el número mayor. **9.** Piensa en el orden de conteo. Escoge el número menor que 8.

10

_____

- - - - - - - - - -

11 *PIENSA MÁS* ➕

_____

- - - - - - - - - -

_____

- - - - - - - - - -

_____

12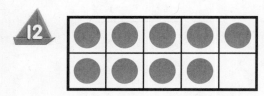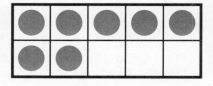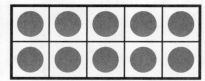

• • •

• • •

10   9   7

INSTRUCCIONES   10. ¿Cuántas latas de pintura hay? Escribe el número.   **11.** Seth
tiene 10 botones. Dibuja los botones de Seth. El número de botones que tiene Tina
es uno menos que los de Seth. Dibuja los botones de Tina. ¿Cuántos botones tiene
Tina? Escribe cuántos hay en cada conjunto. Encierra en un círculo el número que sea
menor.   **12.** Empareja cada conjunto con los números que muestren cuántas fichas hay.

226 doscientos veintiséis

Capítulo 5

La suma

Aprendo más con Jorge el Curioso

La mayoría de las mariquitas tienen alas rojas, anaranjadas o amarillas, con puntos negros.

• ¿Cuántas mariquitas ves?

Nombre _____

 **Muestra lo que sabes**

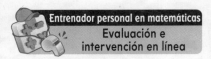 Entrenador personal en matemáticas
Evaluación e
intervención en línea

Más

 1

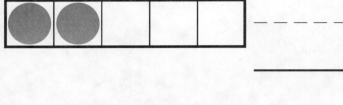

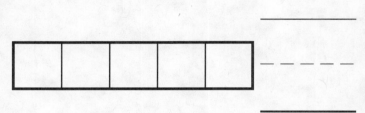

 2

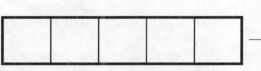

Compara números hasta el 10

 3

Esta página es para comprobar la comprensión de las destrezas importantes que se necesitan para tener éxito con el Capítulo 5.

INSTRUCCIONES   1–2. Cuenta y di cuántas hay. Dibuja un conjunto con una ficha más. Escribe cuántas hay en cada conjunto.   **3.** Escribe el número de cubos de cada conjunto. Encierra en un círculo el número que sea mayor que el otro número.

_____

Desarrollo del vocabulario

diez

INSTRUCCIONES Cuenta y di cuántos pájaros hay en el suelo. Cuenta y di cuántos pájaros están volando. Escribe esos números para mostrar un par de números que formen diez.

• **Libro interactivo del estudiante**
• **Glosario multimedia**

Juego Pares que forman 7

INSTRUCCIONES Juega con un compañero. El primer jugador lanza el cubo numerado y escribe el número en el bote amarillo. Los compañeros determinan qué número forma 7 al emparejarlo con el número del bote amarillo. Los jugadores se turnan para lanzar el cubo numerado hasta que salga ese número. Escriban el número al lado del bote verde. Los compañeros siguen lanzando el cubo numerado para encontrar pares de números que formen 7.

MATERIALES cubo numerado (del I al 6)

Vocabulario del Capítulo 6

cero, ninguno

zero

9

es igual a

is equal to

40

más (+)

plus (+)

50

menos

fewer

59

menos (−)

minus (−)

60

pares

pairs

64

restar

subtract

68

sumar

add

73

$3 + 2 = 5$

es igual a

seis tomates   cero tomates

3 pájaros **menos**

$2 + 2 = 4$

signo **más**

3

3   0
2   1
1   2
0   3

pares de 3

$6 - 3 = 3$

signo **menos**

$2 + 4 = 6$

$5 - 2 = 3$

Juego

Bingo

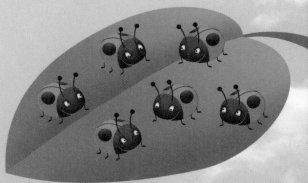

Recuadro de palabras

Sumar

es igual a

más

diez

seis

siete

ocho

nueve

Jugador 1

seis	ocho	nueve	más	es igual a	sumar

Jugador 2

más	diez	es igual a	siete	sumar	ocho

INSTRUCCIONES Baraja las Tarjetas de vocabulario y colócalas en una pila. Un jugador toma la tarjeta de la pila y dice lo que sepa de la palabra. El jugador coloca una ficha sobre esa palabra en el tablero. Los jugadores se turnan. El primer jugador que cubra todas las palabras en su tablero dice "Bingo".

MATERIALES 2 juegos de Tarjetas de vocabulario, 6 fichas de dos colores para cada jugador

Escríbelo

$$5 = \underline{\hspace{2cm}} + \underline{\hspace{2cm}}$$

INSTRUCCIONES Dibuja y escribe para mostrar cómo encontrar un par de números para 5.
Reflexiona Prepárate para hablar de tu dibujo.

Nombre _____

La suma: Agregar cosas

Pregunta esencial ¿Cómo muestras que la suma es como agregar cosas?

Objetivo de aprendizaje Mostrarás la suma como agregar cosas.

Escucha y dibuja En el mundo

INSTRUCCIONES Escucha el problema de suma. Traza el número que muestre cuántos niños hay en los columpios. Traza el número que muestre cuántos niños se agregan al grupo. Traza el número que muestre cuántos niños hay ahora.

Capítulo 5 • Lección 1

3 ___ y ___

___

___

INSTRUCCIONES 1. Escucha el problema de suma. Traza el número que muestre cuántos niños están sentados almorzando. Escribe el número que muestre cuántos niños se agregan al grupo. Escribe el número que muestre cuántos niños están almorzando ahora.

232 doscientos treinta y dos

2 ☑

_____   _____

- - - - -   - - - - -

_____ **y** _____

- - - - -

_____

INSTRUCCIONES 2. Escucha el problema de suma. Escribe el número
que muestre cuántos niños están jugando con la pelota de fútbol. Escribe el
número que muestre cuántos niños se agregan al grupo. Escribe el número que
muestre cuántos niños hay ahora.

Capítulo 5 • Lección 1   doscientos treinta y tres **233**

Resolución de problemas • Aplicaciones En el mundo

3 ESCRIBE

———   ———

- - - - -   - - - - -

—— **y** ——

4

———

- - - -

——

ACTIVIDAD PARA LA CASA •
Muestre a su niño un conjunto de cuatro objetos. Pídale que agregue un objeto al conjunto y que diga cuántos hay ahora.

© Houghton Mifflin Harcourt Publishing Company

234 doscientos treinta y cuatro

La suma: Agregar cosas

Objetivo de aprendizaje Mostrarás la suma como agregar cosas.

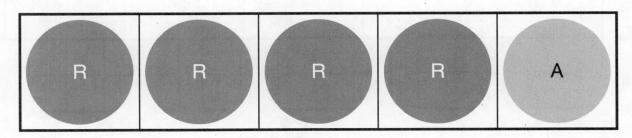

_____

‑ ‑ ‑ ‑ ‑ **y** ‑ ‑ ‑ ‑ ‑

_____ _____

_____

‑ ‑ ‑ ‑ ‑

_____

INSTRUCCIONES 1. En el cuadro de cinco hay cuatro fichas rojas. Se agrega una ficha amarilla. R significa rojo y A significa amarillo. ¿Cuántas fichas de cada color hay? Escribe los números. **2.** Escribe el número que muestre cuántas fichas hay ahora en el cuadro de cinco.

Repaso de la lección

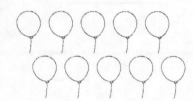

_____   _____

_ _ _ _ _   y   _ _ _ _ _

_____   _____

Repaso en espiral

_____

_ _ _ _ _

_____

_____   _____

_ _ _ _ _   _ _ _ _ _

_____   _____

INSTRUCCIONES   **I.** ¿Cuántas fichas de cada color hay? Escribe los números.   **2.** Cuenta y di cuántos globos hay. Escribe el número.   **3.** Cuenta y di cuántos hay en cada conjunto. Escribe los números. Compara los números. Encierra en un círculo el número que es menor.

236 doscientos treinta y seis

Nombre _____

La suma: Juntar

Pregunta esencial ¿Cómo demuestras que la suma es como juntar?

Objetivo de aprendizaje Usarás objetos para mostrar la suma como juntar.

Escucha y dibuja En el mundo

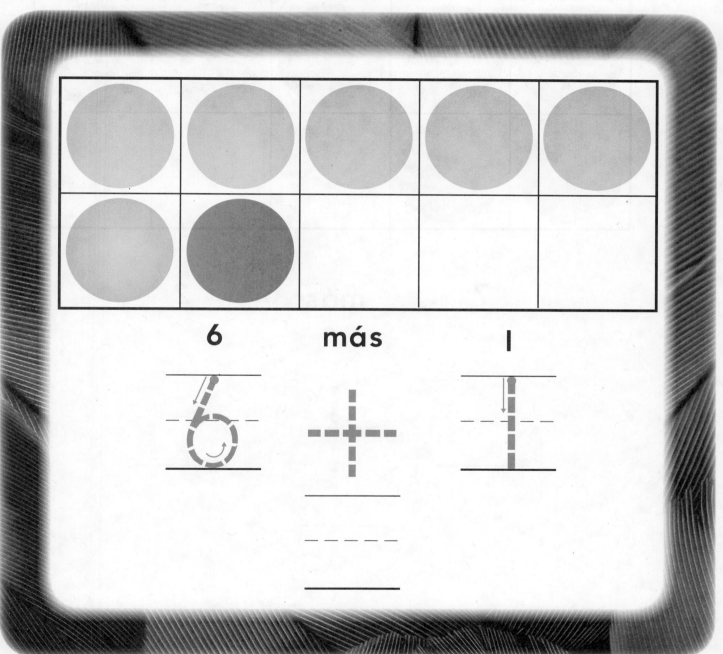

6   **más**   **1**

INSTRUCCIONES Escucha el problema de suma. Pon fichas rojas y amarillas en el cuadro de diez, como se muestra. Traza los números y el signo para mostrar los conjuntos que se juntan. Escribe el número que muestre cuántos hay en total.

© Houghton Mifflin Harcourt Publishing Company • Image Credits: (border) ©Artville/Getty Images

Comparte y muestra

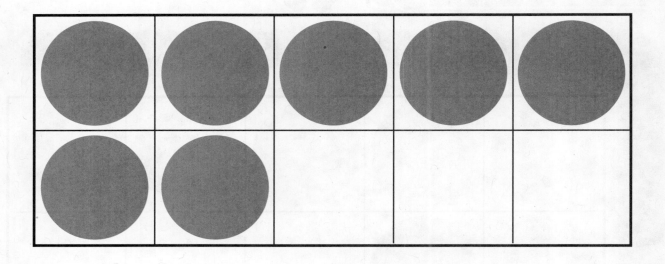

7   más   2

_____

– – – – – –   \+   _____

_____   – – – – – –

                         _____

_____

– – – – – –

_____

•••

INSTRUCCIONES 1. Escucha el problema de suma. Pon fichas rojas en el cuadro de diez, como se muestra. Pon fichas amarillas para representar los conjuntos que se juntan. Escribe los números y traza el signo. Escribe el número que muestre cuántos hay en total.

2

2   **más**   **8**

_____   _____

- - - - -   ╋   - - - - -

_____   _____

_____

- - - - -

_____

INSTRUCCIONES 2. Escucha el problema de suma. Pon fichas
en el cuadro de diez para representar los conjuntos que se juntan.
¿Cuántas fichas de cada color hay? Escribe los números y traza el
signo. Escribe el número que muestre cuántos hay en total.

Resolución de problemas • Aplicaciones En el mundo

3

_____ + _____

- - - - - - - -   - - - - - - - -

_____   _____

4

_____

- - - - - - - -

_____

INSTRUCCIONES 3. En la mesa hay cuatro manzanas rojas y dos manzanas verdes. Escribe los números y traza el signo para mostrar las manzanas que se juntan. **4.** Escribe el número que muestre cuántas manzanas hay en total.

ACTIVIDAD PARA LA CASA • Muestre a su niño dos conjuntos de 4 objetos. Pídale que junte los conjuntos de objetos y diga cuántos hay en total.

La suma: Juntar

Objetivo de aprendizaje Usarás objetos para mostrar la suma como juntar.

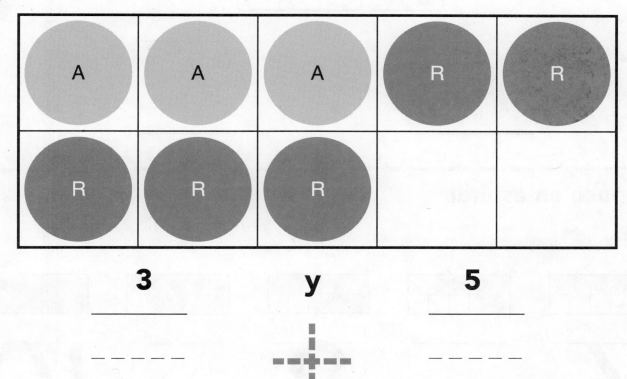

A	A	A	R	R
R	R	R		

3　　　**y**　　　**5**

_____　　　　　　　_____

- - - - -　　┼━　　- - - - -

_____　　　┃　　　_____

　　　　　_____

　　　- - - - -

　　　_____

© Houghton Mifflin Harcourt Publishing Company

INSTRUCCIONES Roy tiene tres fichas amarillas y cinco fichas rojas. ¿Cuántas fichas tiene en total? **I.** Pon fichas en el cuadro de diez para hacer el modelo de los conjuntos que se juntan. A significa amarillo y R significa rojo. Escribe los números y traza el signo. Escribe el número para mostrar cuántos hay en total.

Repaso de la lección

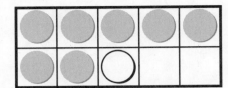

_____ ╪ _____

Repaso en espiral

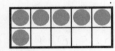 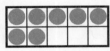 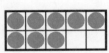  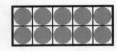

 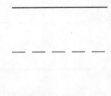  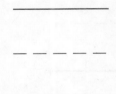 

6 _____ 8 _____ 10

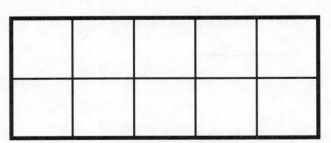

_____

INSTRUCCIONES **1.** ¿Qué números muestran los conjuntos que se juntan? Escribe los números y traza el signo. **2.** Cuenta los puntos en los cuadros de diez. Comienza con el 6. Escribe los números en orden mientras cuentas hacia adelante. **3.** Paul tiene un número de fichas que es dos menos que siete. Dibuja las fichas en el cuadro de diez. Escribe el número.

PRACTICA MÁS CON EL
Entrenador personal
en matemáticas

Nombre _____

Resolución de problemas •
Representar problemas de suma

Pregunta esencial ¿Cómo puedes resolver problemas con la estrategia *hacer una dramatización*?

Objetivo de aprendizaje Usarás la estrategia de *representar* al escuchar problemas de suma y al completar enunciados de suma para resolver problemas.

Soluciona el problema En el mundo

INSTRUCCIONES Escucha y representa el problema de suma. Traza el enunciado de suma. Dile a un amigo cuántos niños hay en total.

Capítulo 5 • Lección 3

doscientos cuarenta y tres **243**

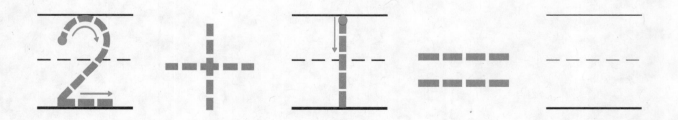

© Houghton Mifflin Harcourt Publishing Company

Comparte y muestra

3 + 2 == ==

INSTRUCCIONES 2. Escucha y representa el problema de suma. Traza
los números y los signos. Escribe el número que muestre cuántos niños hay
en total.

Capítulo 5 • Lección 3

Por tu cuenta En el mundo

3

$$3 + 1 = \underline{}$$

4

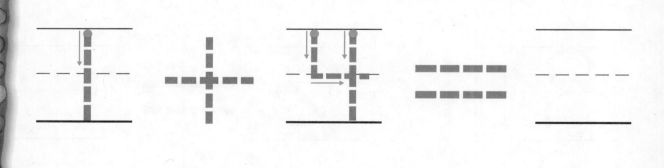

$$1 + 4 = \underline{}$$

INSTRUCCIONES 3. Di un problema de suma sobre los cachorros. Traza los números y los signos. Escribe el número que muestre cuántos cachorros hay ahora. **4.** Haz un dibujo para relacionar este enunciado de suma. Escribe cuántos hay en total. Explícale a un amigo tu dibujo.

ACTIVIDAD PARA LA CASA • Diga a su niño un problema corto sobre sumar tres objetos a un conjunto de dos objetos. Pídale que use juguetes para representar el problema.

Resolución de problemas •
Representar problemas de suma

Objetivo de aprendizaje Usarás la estrategia *hacer una dramatización* al escuchar problemas de suma y al completar enunciados de suma para resolver problemas.

1

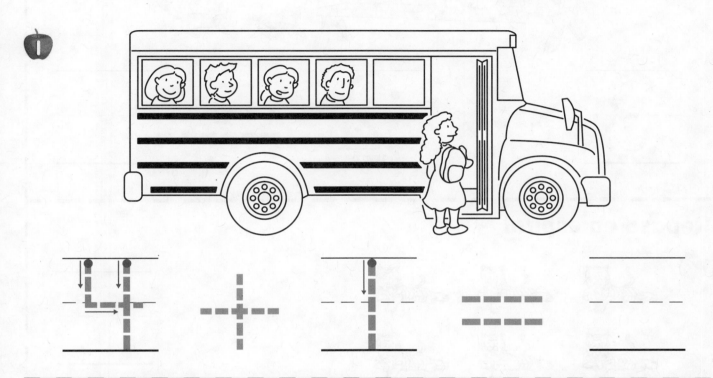

$$4 + 1 = \underline{\hspace{2cm}}$$

2

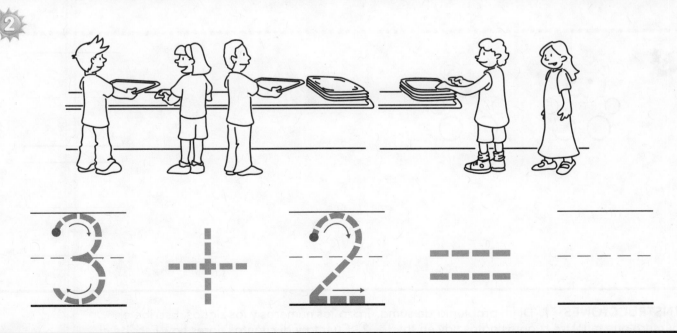

$$3 + 2 = \underline{\hspace{2cm}}$$

INSTRUCCIONES   1–2. Di un problema de suma acerca de los niños. Traza los números y los signos. Escribe el número que muestre cuántos niños hay en total.

Repaso de la lección

3 + 2 = ____

Repaso en espiral

____

____

____

____

____

____

____

____

____

INSTRUCCIONES 1. Di un problema de suma. Traza los números y los signos. Escribe el número que muestre cuántos gatos hay en total. **2.** Cuenta y di cuántos tigres hay. Escribe el número. **3.** Cuenta cuántos osos hay. Escribe el número. Dibuja un conjunto de fichas para mostrar el mismo número del conjunto de osos. Escribe el número.

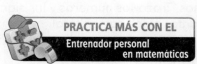
PRACTICA MÁS CON EL
Entrenador personal
en matemáticas

Nombre _____

Álgebra • Representar y dibujar problemas de suma

Pregunta esencial ¿Cómo puedes usar objetos y dibujos para resolver problemas de suma?

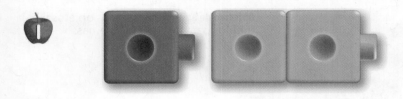

1 + 2 = 3

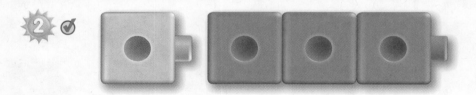

1 + 3 = __

INSTRUCCIONES 1–2. Pon cubos como se muestra. Escucha el problema de suma. Haz un modelo de los cubos juntos. Dibuja un tren de cubos. Traza y escribe para completar el enunciado de suma.

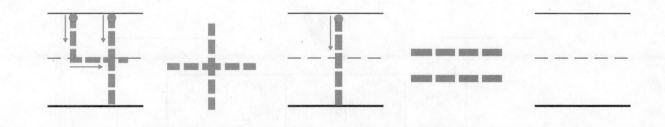

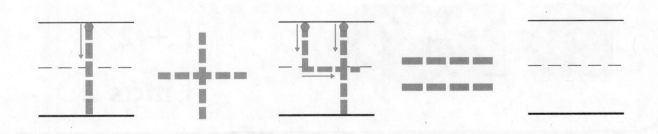

© Houghton Mifflin Harcourt Publishing Company

INSTRUCCIONES 3–4. Pon cubos como se muestra. Escucha el problema de suma. Haz un modelo de los cubos juntos. Dibuja el tren de cubos. Traza y escribe para completar el enunciado de suma.

Capítulo 5 • Lección 4   doscientos cincuenta y uno   **251**

Conceptos y destrezas

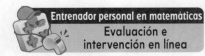

_____   y   _____

_____

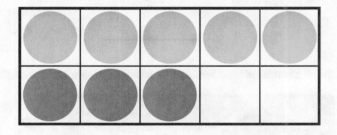

_____   ╬   _____

_____   _____

PIENSA MÁS

1 más 3

1 + 2

1 más 2

INSTRUCCIONES 1. Escribe el número que muestre cuántos cachorros están sentados. Escribe el número que muestre cuántos cachorros se agregan.   2. Escribe los números y traza el signo para mostrar los conjuntos que se juntan.   3. Encierra en un círculo todas las formas que muestren cuántos hay en total.

Nombre_____

Álgebra • Representar y dibujar problemas de suma

Objetivo de aprendizaje Usarás objetos y dibujos para resolver problemas.

$2 + 1 =$ ___ ___

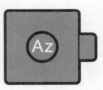

$1 + 3 =$ ___ ___

INSTRUCCIONES 1–2. Pon cubos como se muestra. Az significa azul y Am significa amarillo. Di un problema de suma. Haz un modelo para mostrar los cubos juntos. Dibuja el tren de cubos. Traza y escribe los números para completar el enunciado de suma.

Capítulo 5

Repaso de la lección

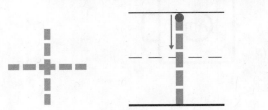

Repaso en espiral

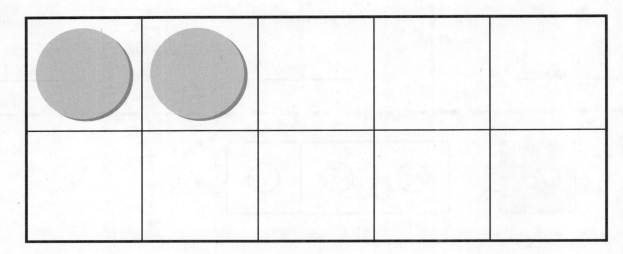

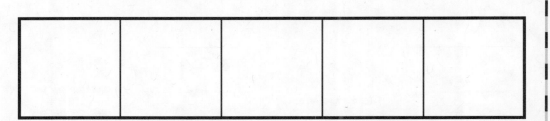

INSTRUCCIONES **1.** Observa el tren de cubos. Plantea un problema de suma.
Traza y escribe para completar el enunciado de suma. **2.** ¿Cuántas fichas más
pondrías para representar una manera de formar 7? Dibuja las fichas.
3. Dibuja fichas para formar un conjunto que muestre al número.

254 doscientos cincuenta y cuatro

Nombre _____

Álgebra • Escribir enunciados de suma para 10

Pregunta esencial ¿Cómo usas un dibujo para hallar el número que forma diez junto a un número dado?

Objetivo de aprendizaje Usarás un dibujo para hallar el número que forma diez junto a un número dado.

Escucha y dibuja

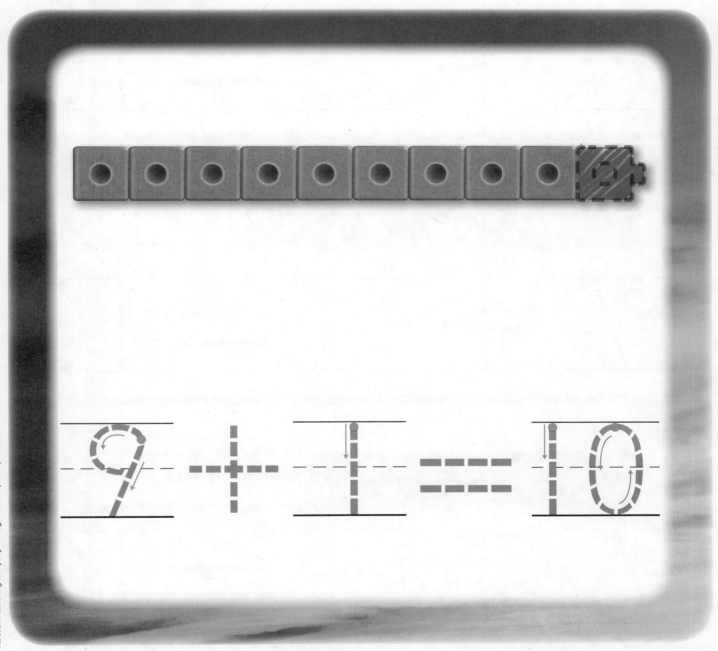

$$9 + 1 = 10$$

INSTRUCCIONES Observa el tren de cubos. ¿Cuántos cubos rojos ves? ¿Cuántos cubos azules tienes que agregar para formar 10? Traza el cubo azul. Traza para mostrar esto como un enunciado de suma.

Capítulo 5 • Lección 5

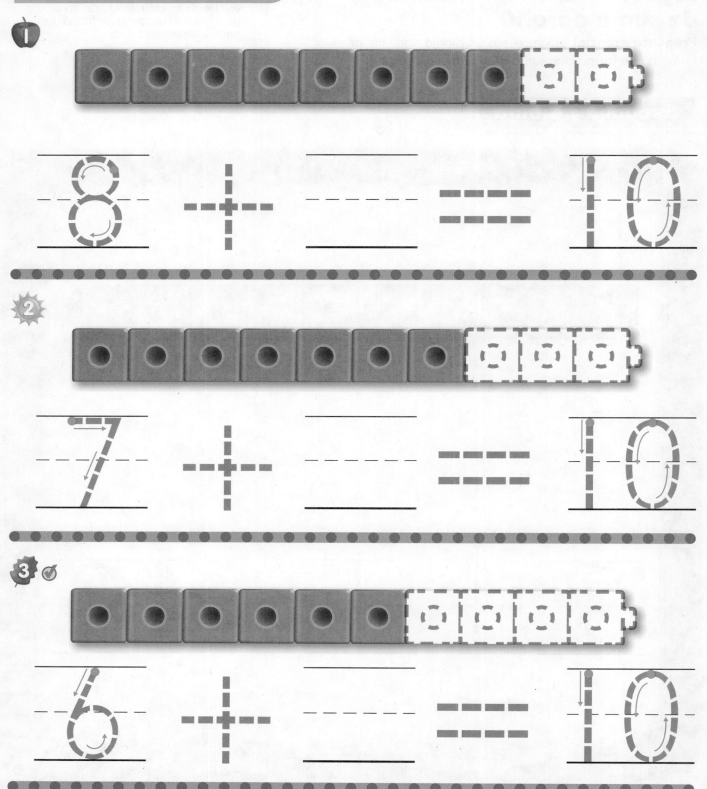

1 8 + _____ = 10

2 7 + _____ = 10

3 6 + _____ = 10

INSTRUCCIONES 1–3. Observa el tren de cubos. ¿Cuántos cubos rojos ves? ¿Cuántos cubos azules tienes que agregar para formar 10? Colorea de azul esos cubos. Escribe y traza para mostrar esto como un enunciado de suma.

4

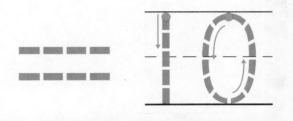

5

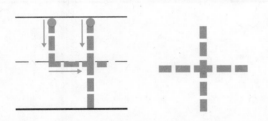

6

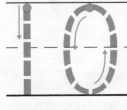

INSTRUCCIONES 4–6. Observa el tren de cubos. ¿Cuántos cubos rojos ves? ¿Cuántos cubos azules tienes que agregar para formar 10? Colorea de azul esos cubos. Escribe y traza para mostrar esto como un enunciado de suma.

Resolución de problemas • Aplicaciones En el mundo

7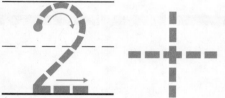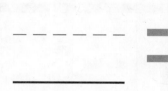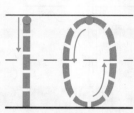

8

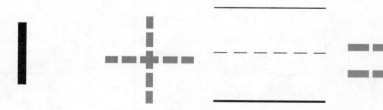 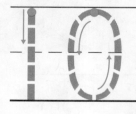

INSTRUCCIONES 7. Troy tiene 2 patos. ¿Cuántos patos más necesita para tener 10 patos en total? Dibuja para resolver el problema. Traza y escribe para mostrar esto como un enunciado de suma. **8.** Dibuja para hallar el número que forma 10 cuando se junta con el número dado. Traza y escribe para mostrar esto como un enunciado de suma.

ACTIVIDAD PARA LA CASA •
Muestre a su niño un número del 1 al 9. Pídale que halle el número que forme 10 al juntarse con ese número. Luego pídale que cuente un cuento relacionado con el problema.

Nombre_____

Álgebra • Escribir enunciados de suma para 10

Objetivo de aprendizaje Usarás un dibujo para hallar el número que forma diez a partir de un número dado.

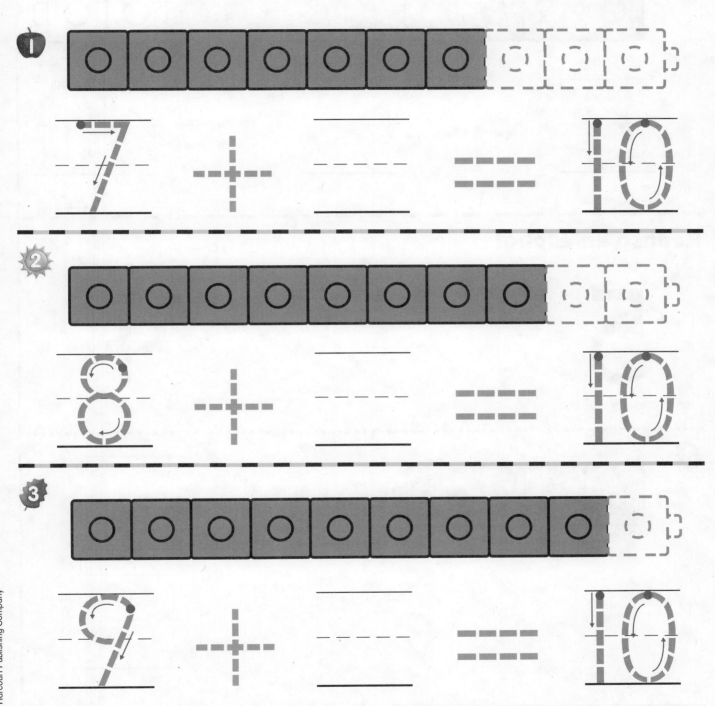

INSTRUCCIONES 1–3. Observa el tren de cubos. ¿Cuántos cubos grises ves?
¿Cuántos cubos azules tienes que agregar para formar 10? Colorea de azul esos cubos.
Escribe y traza para mostrar esto como un enunciado de suma.

Capítulo 5

Repaso de la lección

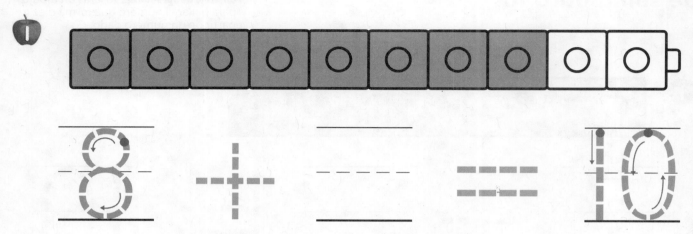

8 + _____ = 10

Repaso en espiral

5

4

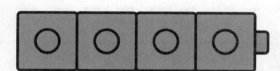

_____

- - - - -

_____

_____

- - - - -

_____

INSTRUCCIONES   1. Observa el tren de cubos. ¿Cuántos cubos blancos se agregan a los cubos grises para formar 10? Escribe y traza esto para mostrar un enunciado de suma.   **2.** ¿Qué número es menor? Encierra en un círculo el número.   **3.** ¿Cuántos cubos hay? Escribe el número. Haz el modelo de un tren de cubos que tenga el mismo número de cubos. Dibuja el tren de cubos. Escribe cuántos cubos tiene.

PRACTICA MÁS CON EL
Entrenador personal
en matemáticas

Nombre _____

Álgebra • Escribir enunciados de suma

Pregunta esencial ¿Cómo puedes resolver problemas de suma y completar el enunciado de suma?

Escucha y dibuja · En el mundo

$$2 + 1 = 3$$

INSTRUCCIONES Escucha el problema de suma. Encierra en un círculo el conjunto con que empezaste. ¿Cuántos se agregan al conjunto? ¿Cuántos hay ahora? Traza el enunciado de suma.

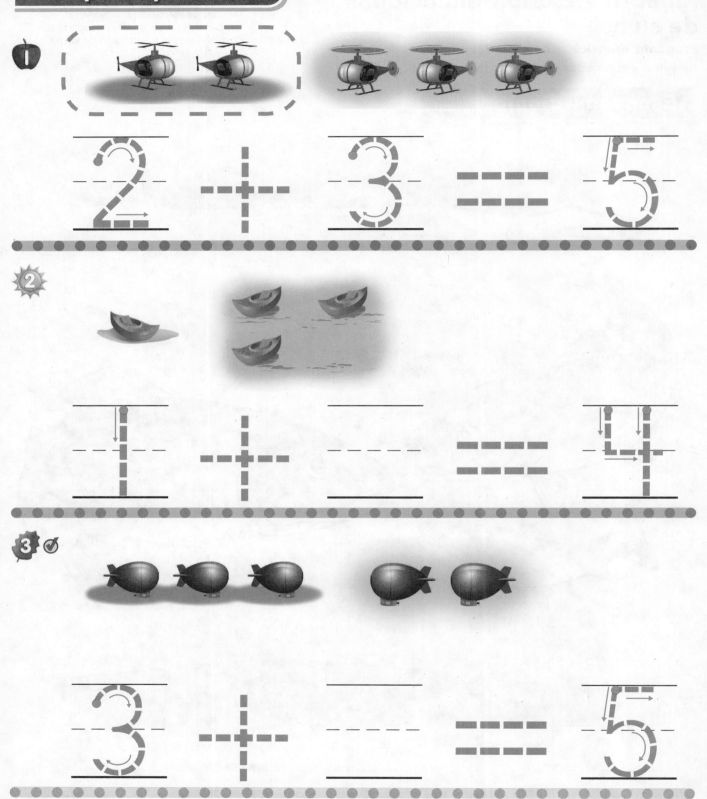

1

2 + 3 === 5

2

1 + === 4

3 ✓

3 + === 5

INSTRUCCIONES 1. Escucha el problema de suma. Traza el círculo alrededor del conjunto con que empezaste. ¿Cuántos se agregan al conjunto? ¿Cuántos hay ahora? Traza el enunciado de suma.
2–3. Escucha el problema de suma. Encierra en un círculo el conjunto con que empezaste. ¿Cuántos se agregan al conjunto? ¿Cuántos hay ahora? Escribe y traza los números y los signos para completar el enunciado de suma.

Nombre _____

🌸 4

1 + ___ = 5

🌸 5

3 + ___ = 4

🌰 6

2 + ___ = 5

INSTRUCCIONES **4–6.** Di un problema de suma sobre los conjuntos.
Encierra en un círculo el conjunto con que empezaste. ¿Cuántos se agregan al
conjunto? ¿Cuántos hay ahora? Escribe y traza los números y los signos para
completar el enunciado de suma.

Resolución de problemas • Aplicaciones En el mundo

7

ESCRIBE

$2 + \_\_\_ = \_\_\_ = 4$

8

$\_\_\_ + \_\_\_ = \_\_\_$

INSTRUCCIONES **7.** Bill pesca dos peces. Jake pesca algunos peces. Ellos pescan cuatro peces en total. ¿Cuántos peces pesca Jake? Dibuja para mostrar los peces. Traza y escribe para completar el enunciado de suma. **8.** Di un problema de suma diferente sobre peces. Dibuja para mostrar los peces. Habla de tu dibujo. Completa el enunciado de suma.

ACTIVIDAD PARA LA CASA • Pida a su niño que le muestre tres dedos. Pídale que le muestre más para mostrar cinco dedos en total. Luego pídale que diga cuántos dedos más mostró.

Álgebra • Escribir enunciados de suma

Objetivo de aprendizaje Resolverás problemas de suma del mundo real y completarás el enunciado de suma.

   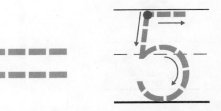

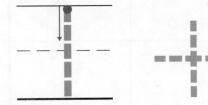 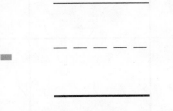 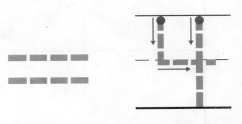

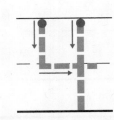   

INSTRUCCIONES   I–3. Di un problema de suma sobre los conjuntos. Encierra en un círculo el conjunto con que empezaste. ¿Cuántos se agregan al conjunto? ¿Cuántos hay ahora? Escribe y traza para completar el enunciado de suma.

Capítulo 5

Repaso de la lección

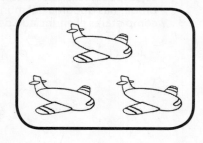 

 $+$  $=$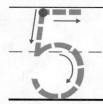

Repaso en espiral

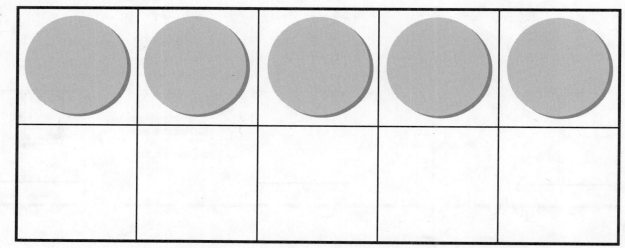

INSTRUCCIONES **I.** Di un problema de suma sobre los conjuntos. Escribe y traza para completar el enunciado de suma. **2.** ¿Cuántas fichas más pondrías para representar una manera de formar 8? **3.** ¿Cuántos pinceles hay? Escribe el número.

266 doscientos sesenta y seis

PRACTICA MÁS CON EL
Entrenador personal
en matemáticas

Nombre _____

Álgebra • Escribir más enunciados de suma

Pregunta esencial ¿Cómo puedes resolver problemas de suma y completar el enunciado de suma?

Objetivo de aprendizaje Resolverás problemas de suma del mundo real y completarás el enunciado de suma.

Escucha y dibuja En el mundo

INSTRUCCIONES Escucha el problema de suma sobre los pájaros. Encierra en un círculo el pájaro que se acerca a los otros pájaros. Traza el círculo alrededor del número que muestra cuántos pájaros se suman. ¿Cuántos pájaros hay en la rama ahora? Traza el enunciado de suma.

Capítulo 5 • Lección 7

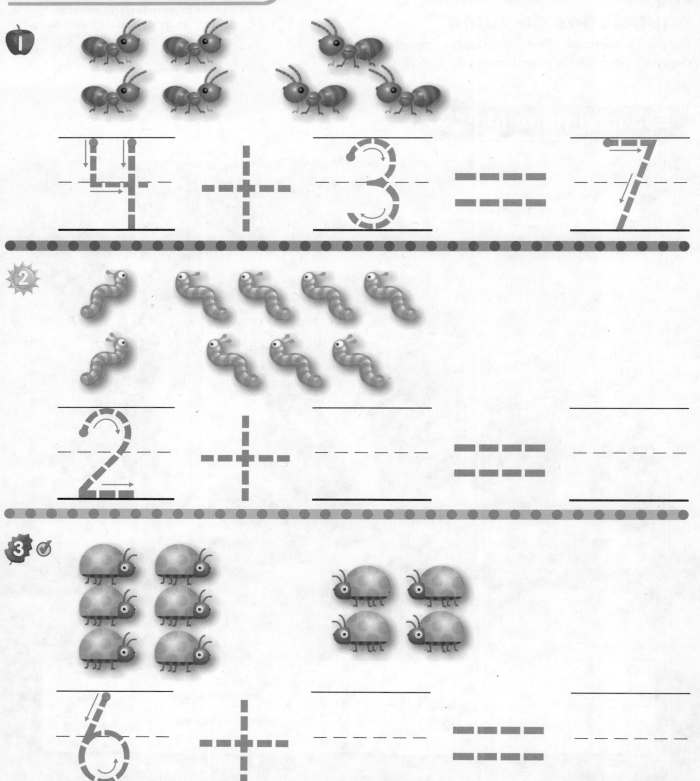

1 4 + 3 = 7

2 2 +

3 6 +

INSTRUCCIONES **1.** Escucha el problema de suma. ¿Cuántas hormigas se agregan? Encierra en un círculo el conjunto que se agrega. ¿Cuántas hormigas hay ahora? Traza para completar el enunciado de suma. **2–3.** Escucha el problema de suma. Encierra en un círculo el conjunto que se agrega. Escribe y traza para completar el enunciado de suma.

4

3 + ___ = ___

5

6 + ___ = ___

6

2 + ___ = ___

INSTRUCCIONES 4–6. Di un problema de suma. Encierra en un círculo el conjunto que se agrega. Escribe y traza los números para completar el enunciado de suma.

© Houghton Mifflin Harcourt Publishing Company

Resolución de problemas • Aplicaciones En el mundo

⑦

ESCRIBE

_____   +   _____   =   _____

INSTRUCCIONES   7. Cuenta un problema de suma. Completa el enunciado de suma. Dibuja objetos reales para demostrar el problema. Explícale tu dibujo a un amigo.

ACTIVIDAD PARA LA CASA • Diga a su niño un problema de suma como: En el cajón hay cuatro calcetines. Agregué algunos calcetines más. Ahora hay diez calcetines en el cajón. ¿Cuántos calcetines agregué al cajón?

Álgebra • Escribir más enunciados de suma

Objetivo de aprendizaje Resolverás problemas de suma del mundo real y completarás el enunciado de suma.

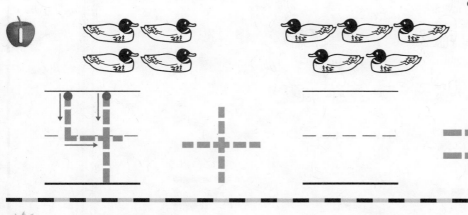

1

4 + ___ ___ ___

2

6 + ___ ___ ___

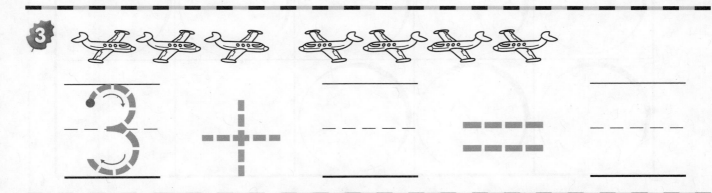

3

3 + ___ ___ ___

4

5 + ___ ___ ___

INSTRUCCIONES 1–4. Di un problema de suma. Encierra en un círculo el conjunto que se agrega. ¿Cuántas cosas tiene el conjunto con que empiezas? Escribe y traza para completar el enunciado de suma.

Capítulo 5

Repaso de la lección

6 + ___ === ___

Repaso en espiral

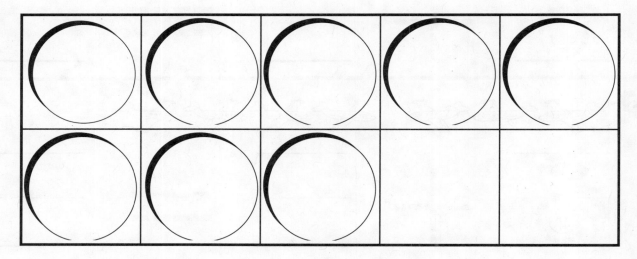

___

- - - - -

___

INSTRUCCIONES 1. Di un problema de suma sobre los conjuntos. Escribe y traza para completar el enunciado de suma. **2.** ¿Cuántas fichas más pondrías para representar una manera de formar 9? Dibuja las fichas. **3.** Cuenta y di cuántas trompetas hay. Escribe el número.

PRACTICA MÁS CON EL
Entrenador personal
en matemáticas

Nombre _____

Álgebra • Pares de números hasta el 5

Pregunta esencial ¿Cómo puedes representar y escribir enunciados de suma para pares de números que sumen 5?

Objetivo de aprendizaje Representarás y escribirás enunciados de suma para pares de números que sumen 5.

Escucha y dibuja

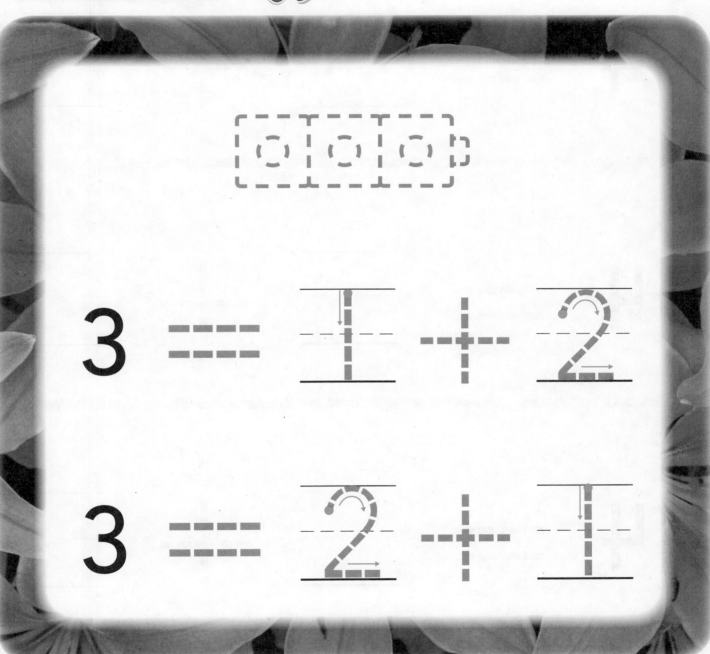

INSTRUCCIONES Pon dos colores de cubos en el tren de cubos para mostrar los pares de números que forman 3. Traza los enunciados de suma para mostrar algunos de los pares de números.

© Houghton Mifflin Harcourt Publishing Company • Image Credits: (bg) ©PhotoDisc/Getty Images

1 4 == 3 + 1

2 4 == ___ + ___

3 ✓ 4 == ___ + ___

INSTRUCCIONES Pon dos colores de cubos en el tren de cubos para mostrar los pares de números que forman 4. **1.** Traza el enunciado de suma para mostrar uno de los pares. **2–3.** Completa el enunciado de suma para mostrar otro par de números. Colorea el tren de cubos para relacionarlo con el enunciado de suma del Ejercicio 3.

Nombre _____

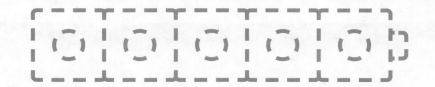

4 5 === ___ ___ + ___

5 5 == ___ ___ + ___

6 5 === ___ ___ + ___

7 5 === ___ ___ + ___

INSTRUCCIONES Pon dos colores de cubos en el tren de cubos para mostrar los pares de números que forman 5. **4–7.** Completa el enunciado de suma para mostrar un par de números. Colorea el tren de cubos para relacionarlo con el enunciado de suma del Ejercicio 7.

Resolución de problemas • Aplicaciones

8

ESCRIBE

$$5 = \underline{\qquad} + \underline{\qquad}$$

9

INSTRUCCIONES 8. Peyton y Ashley tienen cinco manzanas rojas. Peyton sostiene las cinco manzanas. ¿Cuántas sostiene Ashley? Colorea el tren de cubos para mostrar el par de números. Completa el enunciado de suma. **9.** Dibuja para mostrar lo que sabes sobre un par de números hasta el 5.

 ACTIVIDAD PARA LA CASA • Pida a su niño que le diga los pares de números de un conjunto de hasta cinco objetos. Pídale que diga un enunciado de suma para uno de los pares de números.

Álgebra • Pares de números hasta el 5

Objetivo de aprendizaje Representarás y escribirás enunciados de suma para pares de números que sumen 5.

1

3 $=$ ___ $+$ ___

2

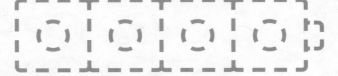

4 $=$ ___ $+$ ___

3

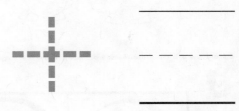

5 $=$ ___ $+$ ___

INSTRUCCIONES I–3. Observa el número que está al principio del enunciado de suma. Pon dos colores de cubos en el tren de cubos para mostrar un par de números para ese número. Completa el enunciado de suma para mostrar un par de números. Colorea el tren de cubos para relacionarlo con el enunciado de suma.

Repaso de la lección

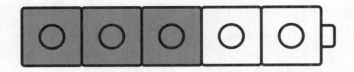

5 === ------- -+- -----

Repaso en espiral

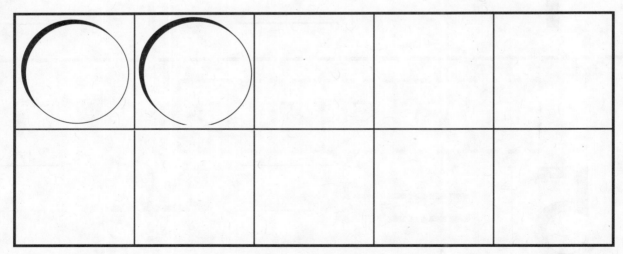

INSTRUCCIONES   1. Completa el enunciado de suma para mostrar los números que se emparejan con el tren de cubos.   **2.** Cuenta el número de tortugas en cada conjunto. Encierra en un círculo el conjunto que tenga el mayor número de tortugas.   **3.** ¿Cuántas fichas más pondrías para representar una manera de formar 6? Dibuja las fichas.

278   doscientos setenta y ocho

PRACTICA MÁS CON EL
Entrenador personal
en matemáticas

Nombre _____

Álgebra • Pares de números para 6 y 7

Pregunta esencial ¿Cómo representas y escribes enunciados de suma para pares de números que sumen 6 y 7?

Objetivo de aprendizaje Representarás y escribirás enunciados de suma para pares de números que sumen 6 y 7.

Escucha y dibuja

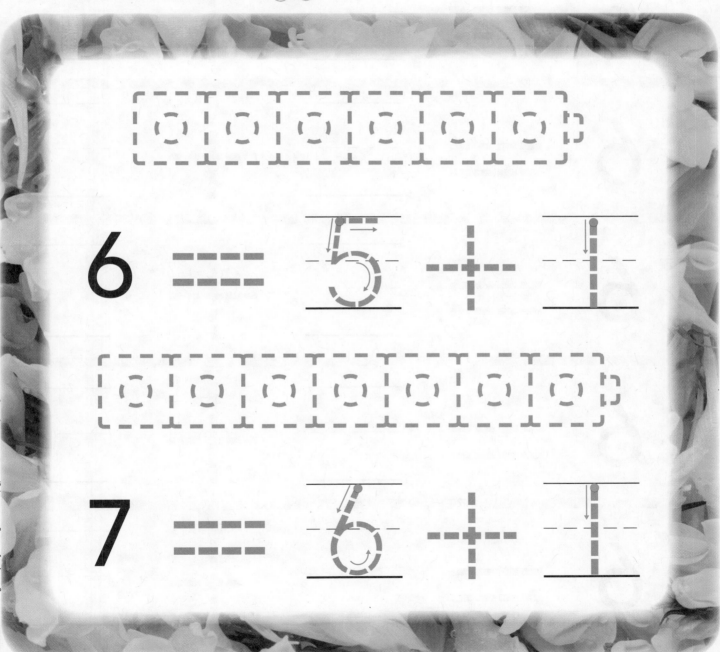

INSTRUCCIONES Pon dos colores de cubos en el tren de cubos para relacionar los enunciados de suma. Colorea los trenes de cubos. Traza los enunciados de suma.

Capítulo 5 • Lección 9

$$\boxed{\circ \;|\; \circ \;|\; \circ \;|\; \circ \;|\; \circ \;|\; \circ}$$

1. 6 = = =   1 + 5

2. 6 = = =   ___ + ___

3. 6 = = =   ___ + ___

4. ✓ 6 = = =   ___ + ___

5. ✓ 6 = = =   ___ + ___

INSTRUCCIONES Pon dos colores de cubos en el tren de cubos para mostrar los pares de números que forman 6.   I. Traza el enunciado de suma para mostrar uno de los pares.   2–5. Completa el enunciado de suma para mostrar un par de números para 6. Colorea el tren de cubos para relacionarlo con el enunciado de suma del Ejercicio 5.

Nombre _____

6   7   ▭ ▭ ▭   _ _ _ _ _   +   _ _ _ _ _

7   7   ▭ ▭ ▭   _ _ _ _ _   +   _ _ _ _ _

8   7   ▭ ▭ ▭   _ _ _ _ _   +   _ _ _ _ _

9   7   ▭ ▭ ▭   _ _ _ _ _   +   _ _ _ _ _

10   7   ▭ ▭ ▭   _ _ _ _ _   +   _ _ _ _ _

INSTRUCCIONES Pon dos colores de cubos en el tren de cubos para mostrar los pares de números que forman 7. **6–10.** Completa el enunciado de suma para mostrar un par de números para 7. Colorea el tren de cubos para relacionarlo con el enunciado de suma del Ejercicio 10.

Resolución de problemas · Aplicaciones En el mundo

11.

6 = ___ + ___

12.

7 = ___ + ___

INSTRUCCIONES 11. Peter y Grant tienen seis carritos. Peter no tiene carritos. ¿Cuántos carritos tiene Grant? Colorea el tren de cubos para mostrar el par de números. Completa el enunciado de suma. **12.** Dibuja para mostrar lo que sabes sobre un par de números para 7 cuando uno de los números es 0. Completa el enunciado de suma.

ACTIVIDAD PARA LA CASA · Pida a su niño que use los dedos de las dos manos para mostrar un par de números para 6.

© Houghton Mifflin Harcourt Publishing Company

Álgebra • Pares de números para 6 y 7

Objetivo de aprendizaje Representarás y escribirás enunciados de suma para pares de números que sumen 6 y 7.

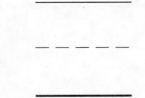 

INSTRUCCIONES 1–2. Mira el número que está al principio del enunciado de suma. Pon dos colores de cubos en el tren de cubos para mostrar un par de números para ese número. Completa el enunciado de suma para mostrar un par de números. Colorea el tren de cubos para relacionarlo con el enunciado de suma.

Repaso de la lección

7 === ___ + ___

Repaso en espiral

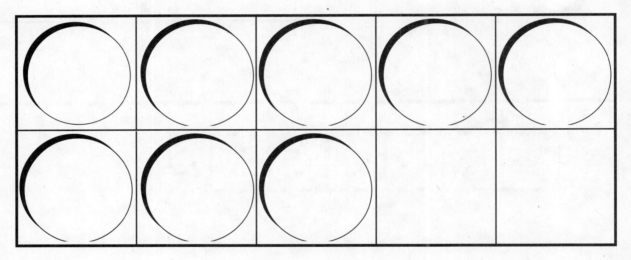

....

___
___

INSTRUCCIONES   1. Completa el enunciado de suma para mostrar los números que se relacionan con el tren de cubos.   **2.** ¿Cuántas fichas más pondrías para representar una manera de formar 10? Dibuja las fichas.   **3.** Cuenta y di cuántos gorritos hay. Escribe el número.

Nombre _____

Álgebra • Pares de números para 8

Pregunta esencial ¿Cómo representas y escribes enunciados de suma para pares de números que sumen 8?

Objetivo de aprendizaje Representarás y escribirás enunciados de suma para pares de números que sumen 8.

Escucha y dibuja **En el mundo**   Manos a la obra

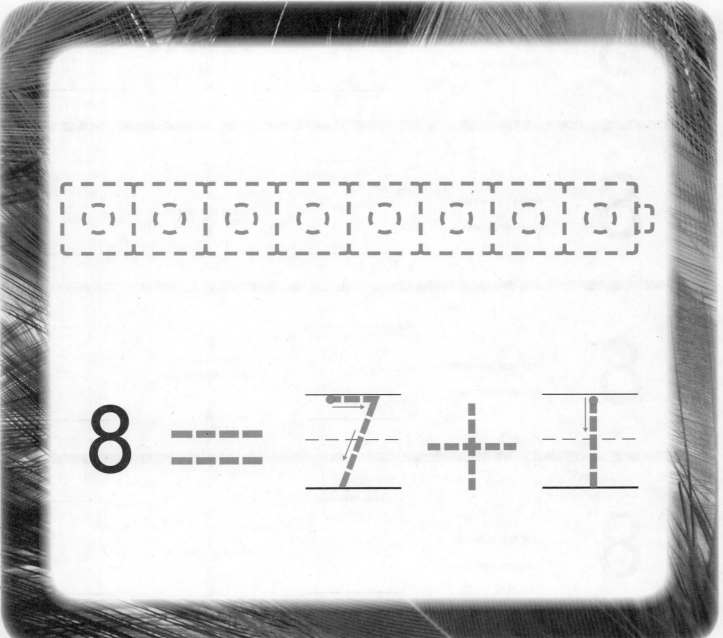

INSTRUCCIONES Usa dos colores de cubos para hacer un tren de cubos y relacionar los enunciados de suma. Colorea el tren de cubos para mostrar tu trabajo. Traza el enunciado de suma.

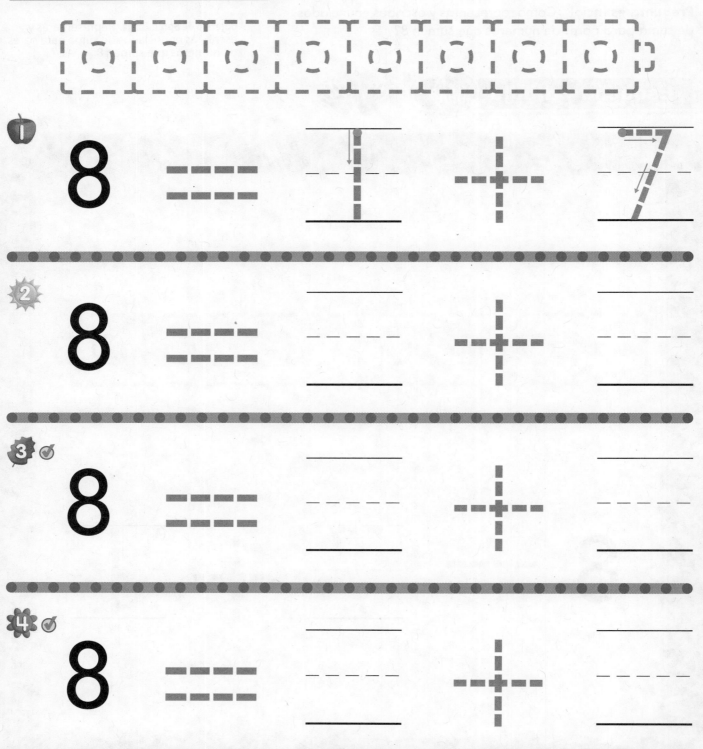

1 8

2 8

3 8

4 8

INSTRUCCIONES Usa dos colores de cubos para hacer un tren de cubos y mostrar los pares de números que forman 8. **1.** Traza el enunciado de suma para mostrar uno de los pares. **2–4.** Completa el enunciado de suma para mostrar un par de números para 8. Colorea el tren de cubos para relacionarlo con el enunciado de suma del Ejercicio 4.

Nombre _____

5

8   ▬▬▬   _ _ _   +   _ _ _

6

8   ▬▬   _ _ _   +   _ _ _

7

8   ▬▬▬   _ _ _   +   _ _ _

INSTRUCCIONES Usa dos colores de cubos para hacer un tren de cubos y mostrar los pares de números que forman 8. **5–7.** Completa el enunciado de suma para mostrar un par de números para 8. Colorea el tren de cubos para relacionarlo con el enunciado de suma del Ejercicio 7.

Resolución de problemas • Aplicaciones En el mundo

8.

$$8 = \underline{\hspace{2cm}} + \underline{\hspace{2cm}}$$

9.

$$8 = \underline{\hspace{2cm}} + \underline{\hspace{2cm}}$$

INSTRUCCIONES **8.** En una caja hay ocho crayones. Ocho crayones son rojos. ¿Cuántos no son rojos? Dibuja y colorea para mostrar cómo lo resolviste. Completa el enunciado de suma. **9.** Dibuja para mostrar lo que sabes sobre un par de números diferente para 8. Completa el enunciado de suma.

ACTIVIDAD PARA LA CASA • Pida a su niño que le diga los pares de números para un conjunto de ocho objetos. Pídale que diga el enunciado de suma relacionado con uno de los pares de números.

Álgebra • Pares
de números para 8

Objetivo de aprendizaje Representarás y escribirás enunciados de suma para pares de números que sumen 8.

1

8 $\_\_\_ \_\_\_ \ + \ \_\_\_$

2

8 $\_\_\_ \_\_\_ \ + \ \_\_\_$

3

8 $\_\_\_ \_\_\_ \ + \ \_\_\_$

4

8 $\_\_\_ \_\_\_ \ + \ \_\_\_$

INSTRUCCIONES Usa un tren de cubos con dos colores de cubos para mostrar los pares de números que forman 8. **1–4.** Completa el enunciado de suma para mostrar un par de números para 8. Colorea el tren de cubos para relacionarlo con el enunciado de suma del Ejercicio 4.

Capítulo 5

Repaso de la lección

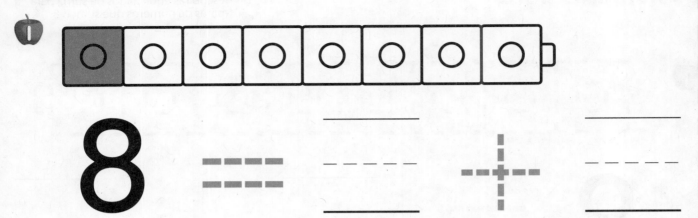

$$8 = \underline{\hspace{2cm}} + \underline{\hspace{2cm}}$$

Repaso en espiral

_____   _____

- - - - - -   - - - - - -

_____   _____

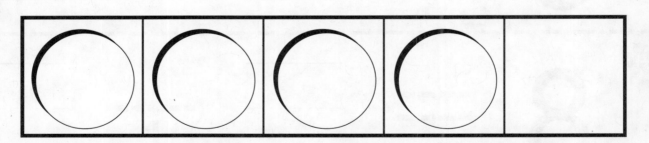

INSTRUCCIONES **1.** Completa el enunciado de suma para mostrar los números que se relacionan con el tren de cubos. **2.** Cuenta y di cuántos hay en cada conjunto. Escribe los números. Compara los números. Encierra en un círculo el número que es mayor. **3.** ¿Cuántas fichas más pondrías en el cuadro de cinco para mostrar una manera de formar 5? Dibuja las fichas.

290 doscientos noventa

PRACTICA MÁS CON EL
Entrenador personal
en matemáticas

Nombre _____

Álgebra • Pares de números para 9

Pregunta esencial ¿Cómo representas y escribes enunciados de suma para pares de números que sumen 9?

Objetivo de aprendizaje Representarás y escribirás enunciados de suma para pares de números que sumen 9.

Escucha y dibuja

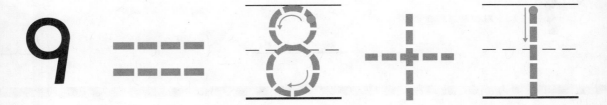

INSTRUCCIONES Usa dos colores de cubos para hacer un tren de cubos y relacionarlo con los enunciados de suma. Colorea el tren de cubos para mostrar tu trabajo. Traza el enunciado de suma.

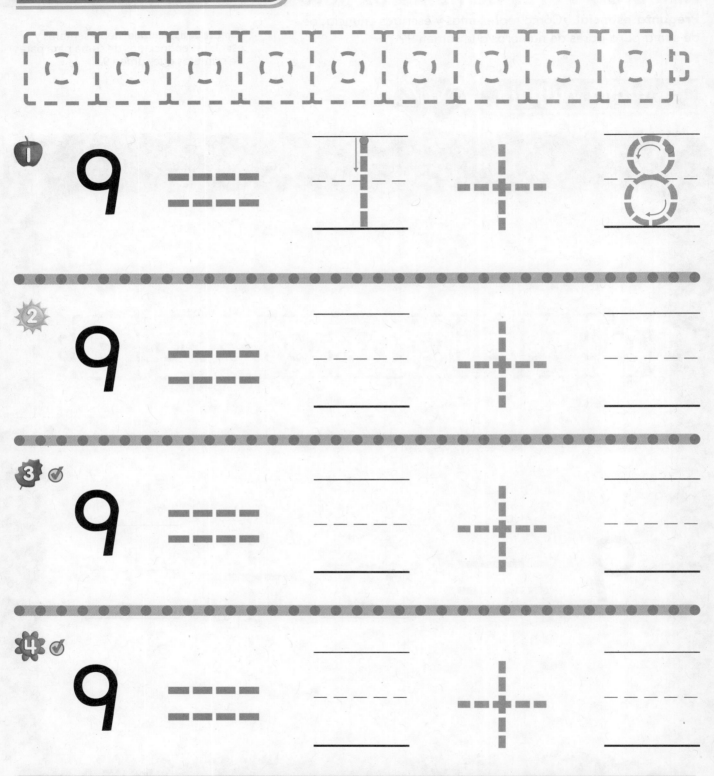

INSTRUCCIONES Usa dos colores de cubos para hacer un tren de cubos y mostrar los pares de números que forman 9. **1.** Traza el enunciado de suma para mostrar uno de los pares. **2–4.** Completa el enunciado de suma para mostrar un par de números para 9. Colorea el tren de cubos para relacionarlo con el enunciado de suma del Ejercicio 4.

5 9 ▨ ___ + ___

6 9 ▨ ___ + ___

7 9 ▨ ___ + ___

8 9 ▨ ___ + ___

INSTRUCCIONES Usa dos colores de cubos para hacer un tren de cubos y mostrar los pares de números que forman 9. **5–8.** Completa el enunciado de suma para mostrar un par de números para 9. Colorea el tren de cubos para relacionarlo con el enunciado de suma del Ejercicio 8.

Resolución de problemas • Aplicaciones En el mundo

9

$9 =$ ___ ___ $+$ ___

10

$9 =$ ___ ___ $+$ ___

© Houghton Mifflin Harcourt Publishing Company

INSTRUCCIONES 9. Shelby tiene nueve amigos. Ninguno es varón. ¿Cuántos son niñas? Completa el enunciado de suma para mostrar el par de números. **10.** Dibuja para mostrar lo que sabes sobre un par de números diferente para 9. Completa el enunciado de suma.

ACTIVIDAD PARA LA CASA • Pida a su niño que use los dedos de las dos manos para mostrar un par de números para 9.

Álgebra • Pares
de números para 9

Objetivo de aprendizaje Representarás y
escribirás enunciados de suma para
pares de números que sumen 9.

INSTRUCCIONES Usa un tren de cubos con dos colores de cubos para mostrar los pares de
números que forman 9. **1–4.** Completa el enunciado de suma para mostrar un par de números
para 9. Colorea el tren de cubos para relacionarlo con el enunciado de suma del Ejercicio 4.

Capítulo 5

doscientos noventa y cinco **295**

Repaso de la lección

9 === _ _ _ _ _ _ + _ _ _ _ _

Repaso en espiral

INSTRUCCIONES **1.** Completa el enunciado de suma para mostrar los números que se relacionan con el tren de cubos. **2.** Cuenta cuántas aves hay. Escribe el número. **3.** Cuenta y di cuántos hay en cada conjunto. Escribe los números. Compara los números. Encierra en un círculo el número que es menor.

PRACTICA MÁS CON EL
Entrenador personal
en matemáticas

Álgebra • Pares de números para 10

Pregunta esencial ¿Cómo representas y escribes enunciados de suma para pares de números que sumen 10?

Objetivo de aprendizaje Representarás y escribirás enunciados de suma para pares de números que sumen 10.

Escucha y dibuja

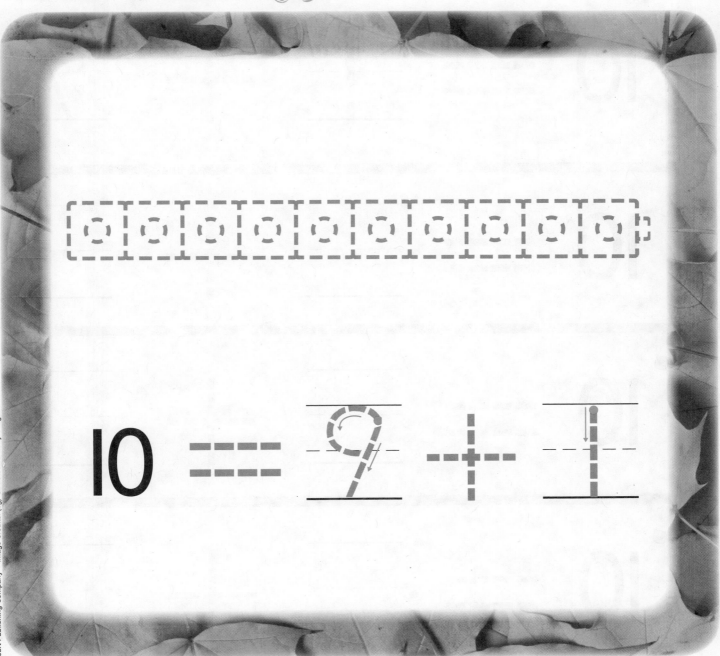

INSTRUCCIONES Usa dos colores de cubos para hacer un tren de cubos y relacionarlo con el enunciado de suma. Colorea el tren de cubos para mostrar tu trabajo. Traza el enunciado de suma.

1. 10 = 1 + 9

2. 10 = ___ + ___

3. 10 = ___ + ___

4. 10 = ___ + ___

INSTRUCCIONES Usa dos colores de cubos para hacer un tren de cubos y mostrar los pares de números que forman 10. **1.** Traza el enunciado de suma para mostrar uno de los pares. **2–4.** Completa el enunciado de suma para mostrar un par de números para 10. Colorea el tren de cubos para relacionarlo con el enunciado de suma del Ejercicio 4.

298 doscientos noventa y ocho

Nombre _____

5 $10 =$ ____ $+$ ____

6 $10 =$ ____ $+$ ____

7 $10 =$ ____ $+$ ____

8 $10 =$ ____ $+$ ____

INSTRUCCIONES Usa dos colores de cubos para hacer un tren de cubos y mostrar los pares de números que forman 10. **5–8.** Completa el enunciado de suma para mostrar un par de números para 10. Colorea el tren de cubos para relacionarlo con el enunciado de suma del Ejercicio 8.

Resolución de problemas • Aplicaciones En el mundo

9 ESCRIBE

10 === ___ + ___

10

10 === ___ + ___

INSTRUCCIONES 9. En la cafetería hay diez niños. Diez están bebiendo agua. ¿Cuántos niños están bebiendo leche? Completa el enunciado de suma para mostrar el par de números. **10.** Dibuja para mostrar lo que sabes sobre un par de números diferente para 10. Completa el enunciado de suma.

ACTIVIDAD PARA LA CASA • Pida a su niño que le diga los pares de números para un conjunto de diez objetos. Pídale que diga el enunciado de suma y que lo relacione con uno de los pares de números.

Álgebra • Pares de números para 10

Objetivo de aprendizaje Representarás y escribirás enunciados de suma para pares de números que sumen 10.

1 10 ═══ _ _ _ _ + _ _ _ _

2 10 ═══ _ _ _ _ + _ _ _ _

3 10 ═══ _ _ _ _ + _ _ _ _

4 10 ═══ _ _ _ _ + _ _ _ _

INSTRUCCIONES Usa un tren de cubos con dos colores de cubos para mostrar los pares de números que forman 10. **1-4.** Completa el enunciado de suma para mostrar un par de números para 10. Colorea el tren de cubos para relacionarlo con el enunciado de suma del Ejercicio 4.

Repaso de la lección

1

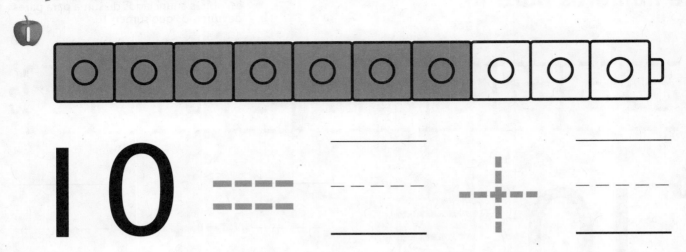

10 == ____ ____ + ____

....

Repaso en espiral

2

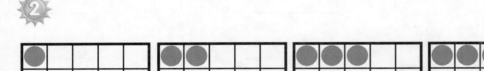

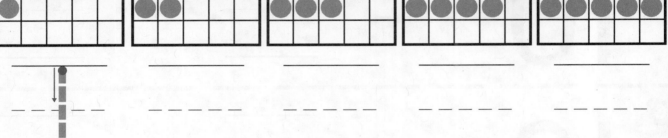

3

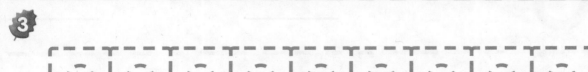

INSTRUCCIONES 1. Completa el enunciado de suma para mostrar los números que se relacionan con el tren de cubos. **2.** Cuenta los puntos en los cuadros de diez. Traza el número. Escribe los números en orden mientras cuentas hacia adelante desde el número punteado. **3.** Colorea de azul y rojo los cubos para mostrar una manera de formar 10.

PRACTICA MÁS CON EL
Entrenador personal
en matemáticas

Nombre _____

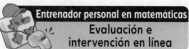

1

_____   _____

- - - - -   - - - - -

_____ **y** _____

2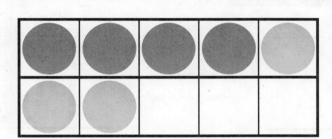

○ **4 más 3**

○ **4 más 1**

○ **4 + 3**

3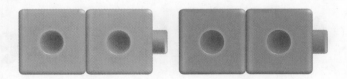

 + = _____
- - - - -

INSTRUCCIONES   1. ¿Cuántos cachorros están sentados? ¿Cuántos cachorros se agregan al grupo? Escribe los números.   **2.** Sonja puso 4 fichas rojas en el cuadro de diez. Luego puso 3 fichas amarillas en el cuadro de diez. Escoge todas las maneras que muestran cómo se pueden juntar las fichas.   **3.** ¿Cuántos cubos de cada color se están agregando? Traza los números y los signos. Escribe el número que muestra cuántos cubos hay en total.

 Opciones de evaluación
Prueba del capítulo

© Houghton Mifflin Harcourt Publishing Company

4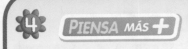

5

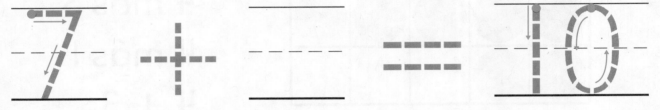

6

INSTRUCCIONES 4. Annabelle tiene 2 cubos rojos y 2 cubos amarillos. ¿Cuántos cubos tiene? Dibuja los cubos. Traza los números y los signos. Escribe cuántos hay en total. **5.** Observa el tren de cubos. ¿Cuántos cubos rojos ves? ¿Cuántos cubos adicionales necesitas agregar para tener 10? Dibuja los cubos. Coloréalos de azul. Escribe y traza para mostrar que se trata de un enunciado de suma. **6.** Escribe y traza los números para completar el enunciado de suma.

Nombre _____

4 + ___ === 6

 PIENSA MÁS +

5 === ___ + ___

5 + 2   ○ Sí   ○ No

4 + 3   ○ Sí   ○ No

2 + 4   ○ Sí   ○ No

INSTRUCCIONES 7. Escribe los números y traza los signos para completar el enunciado de suma. **8.** Nora tiene 1 crayón verde. Gary tiene algunos crayones rojos. En conjunto tienen 5 crayones. Haz un dibujo para mostrar cuántos crayones rojos tiene Gary. Completa el par de números. **9.** ¿Muestra esta suma un par de números para 7? Escoge Sí o No.

$$4 + 5 \qquad 2 + 6 \qquad 1 + 7$$

$$9 = \underline{\quad\quad} + \underline{\quad\quad}$$

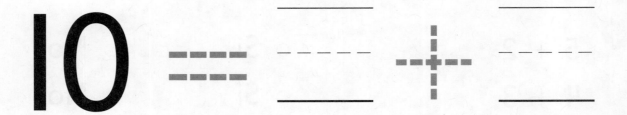

$$10 = \underline{\quad\quad} + \underline{\quad\quad}$$

INSTRUCCIONES   10. Encierra en un círculo todos los pares de números para 8.   **11.** Larry contó 9 cubos. Los cubos eran rojos o azules. ¿Cuántos cubos rojos y azules podría tener? Colorea los cubos para mostrar el número de cubos rojos y azules. Escribe los números para completar el enunciado de suma.   **12.** Completa el enunciado de suma para mostrar un par de números para 10.

Capítulo 6

La resta

Aprendo más con Jorge el Curioso

Los pingüinos son aves con plumas blancas y negras.

- Hay 4 pingüinos en el hielo. Un pingüino salta al agua. ¿Cuántos pingüinos quedan en el hielo?

Nombre _____

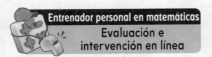

Menos

1

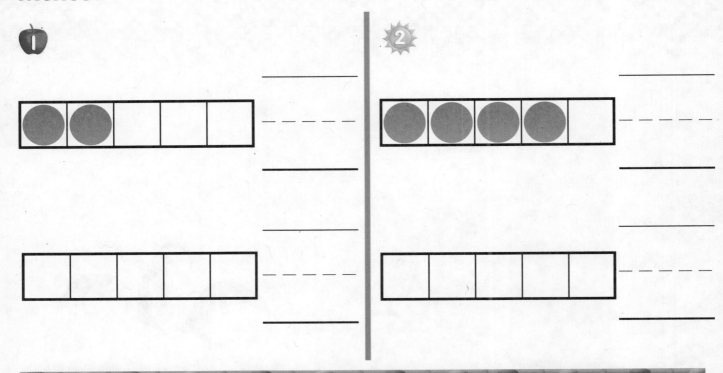

2

Compara números hasta el 10

3

Esta página es para comprobar la comprensión de las destrezas importantes que se necesitan para tener éxito con el Capítulo 6.

INSTRUCCIONES **1–2.** Cuenta y di cuántas hay. Dibuja un conjunto con una ficha menos. Escribe cuántas hay en cada conjunto.   **3.** Escribe el número de cubos de cada conjunto. Encierra en un círculo el número que sea menor que el otro número.

308 trescientos ocho

Desarrollo del vocabulario

sumar

INSTRUCCIONES Suma el conjunto de abejas y el conjunto de mariposas. Escribe cuántos insectos hay en total.

• **Libro interactivo del estudiante**
• **Glosario multimedia**

Juego

¡Haz girar por más!

Haz girar por más				
Jugador 1				
Jugador 2				

INSTRUCCIONES Juega con un compañero. Decide quién empieza. Túrnense para hacer girar la flecha giratoria y sacar un número cada vez. Usen cubos para representar un tren de cubos con el número que salió la primera vez. Digan el número. Agreguen el número de cubos que salió la segunda vez. Compara tu número con el de tu compañero. Haz una X en la tabla, indicando el jugador que tiene el número mayor. Gana el juego el primer jugador que logra cinco X.

MATERIALES dos clips, cubos interconectables

Vocabulario del Capítulo 7

catorce

fourteen

7

cero, ninguno

zero

8

diecinueve

nineteen

28

dieciocho

eighteen

29

dieciséis

sixteen

30

diecisiete

seventeen

31

doce

twelve

34

dos

two

35

seis tomates cero tomates

14

18

19

17

16

2

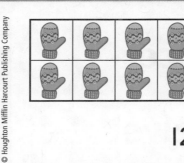

12

Dibújalo

© Houghton Mifflin Harcourt Publishing Company • Image Credits: ©pablo_herman/Fotolia

Recuadro de palabras

menos

restar

es igual a

más

sumar

menos

cero

par

Palabras secretas

Jugador 1					
Jugador 2					

INSTRUCCIONES Los jugadores se turnan. Un jugador elige una palabra secreta del Recuadro de palabras y después activa el cronómetro. El jugador dibuja para dar pistas sobre cuál es la palabra secreta. Si el otro jugador adivina la palabra secreta antes de que termine el tiempo, coloca una ficha en la tabla. Gana el primer jugador que tenga fichas en todas sus casillas.

MATERIALES cronómetro, papel de dibujo, fichas de dos colores para cada jugador

Capítulo 6

Escríbelo

_____ _____ _____

- - - - - - - - - - ▬▬

▬▬▬ ▬▬▬ = - - - - -

▬▬▬

_____ _____ _____

INSTRUCCIONES Dibuja para mostrar cómo resolver un problema de resta. Escribe un enunciado de resta. **Reflexiona** Prepárate para hablar de tu dibujo.

Nombre _____

La resta: Quitar de

Pregunta esencial ¿De qué manera puedes mostrar la resta como quitar de?

Objetivo de aprendizaje Mostrarás la resta como quitar de.

Escucha y dibuja En el mundo

 quita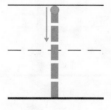

INSTRUCCIONES Escucha el problema de resta. Traza el número que muestre cuántos niños hay en total. Traza el número que muestre cuántos niños se van. Traza el número que muestre cuántos niños quedan.

Capítulo 6 • Lección 1

1

quita

_____

- - - -

_____

_____

- - - -

_____

INSTRUCCIONES 1. Escucha el problema de resta. Traza el número que muestre cuántos niños hay en total. Escribe el número que muestre cuántos niños se van. Escribe el número que muestre cuántos niños quedan.

_____   _____

- - - - - - - - -   - - - - -

_____   quita   _____

_____

- - - - -

_____

●●●●●●●●●●●●●●●●●●●●●●●●●●●●●●●●●●●●

INSTRUCCIONES 2. Escucha el problema de resta. Escribe el número que muestre cuántos niños hay en total. Escribe el número que muestre cuántos niños se van. Escribe el número que muestre cuántos niños quedan.

Resolución de problemas • Aplicaciones En el mundo

③

ESCRIBE

_____   _____

- - - - -   - - - - -

_____   quita   _____

---

④

_____

- - - - -

_____

INSTRUCCIONES 3. Blair tiene dos canicas. Su amigo le quita una. Dibuja para mostrar la resta. Escribe los números. **4.** Escribe el número que muestre cuántas canicas tiene ahora Blair.

ACTIVIDAD PARA LA CASA • Muestre a su niño un conjunto de cuatro objetos pequeños. Pídale que diga cuántos objetos hay. Quite un objeto del conjunto. Pídale que diga cuántos objetos hay ahora.

La resta: Quitar de

Objetivo de aprendizaje Mostrarás la resta como quitar de.

_____

- - - - - -

_____

quita

_____

- - - - - -

_____

_____

- - - - - -

_____

INSTRUCCIONES   I. Di un problema de resta sobre los niños.
Escribe el número que muestre cuántos niños hay en total. Escribe
el número que muestre cuántos niños se van. Escribe el número que
muestre cuántos niños se quedan.

Repaso de la lección

3 quita 1

_____

- - - - - - - - -

_____

Repaso en espiral

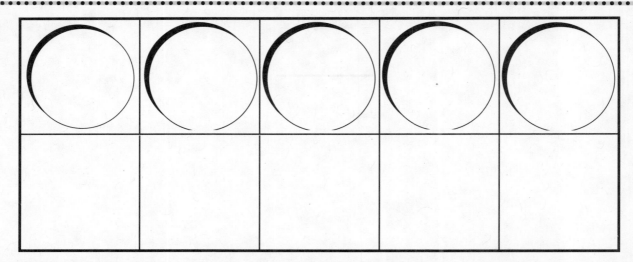

INSTRUCCIONES   1. Di un problema de resta sobre las ranas. Escribe el número que muestre cuántas ranas se quedan.   **2.** Di un problema de suma sobre las aves. Encierra en un círculo las aves que se agregan al conjunto. Traza y escribe para completar el enunciado de suma.   **3.** ¿Cuántas fichas más pondrías para representar una manera de formar 8? Dibuja las fichas.

316 trescientos dieciséis

PRACTICA MÁS CON EL
**Entrenador personal
en matemáticas**

Nombre _____

La resta: Separar

Pregunta esencial: ¿De qué manera puedes mostrar la resta como quitar de?

Objetivo de aprendizaje Usarás objetos para mostrar la resta como quitar de.

Escucha y dibuja En el mundo

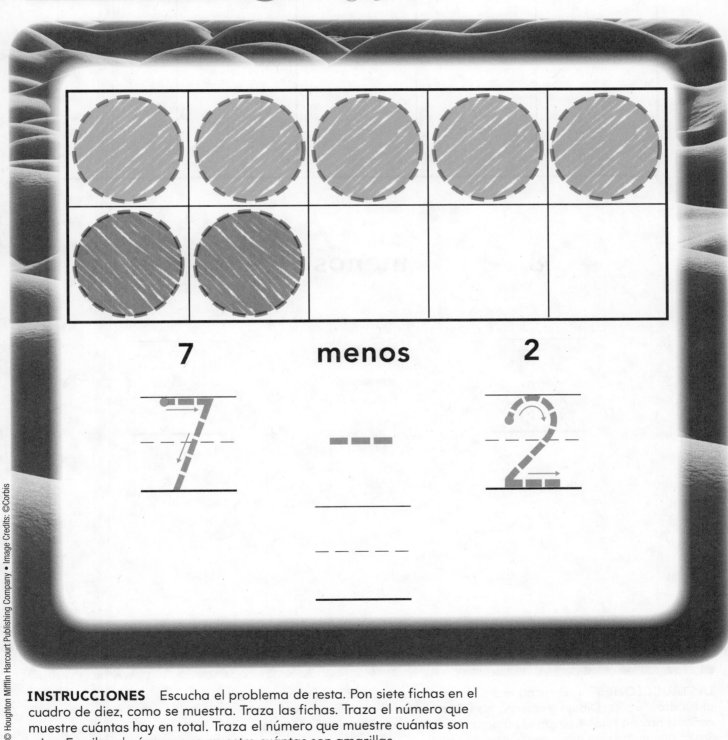

7   menos   2

INSTRUCCIONES Escucha el problema de resta. Pon siete fichas en el cuadro de diez, como se muestra. Traza las fichas. Traza el número que muestre cuántas hay en total. Traza el número que muestre cuántas son rojas. Escribe el número que muestre cuántas son amarillas.

© Houghton Mifflin Harcourt Publishing Company • Image Credits: ©Corbis

1

8   **menos**   **1**

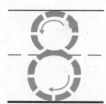

_____

– – – – – – –

_____

_____

– – – – – – –

_____

● ●

INSTRUCCIONES 1. Escucha el problema de resta. Pon ocho fichas en el cuadro de diez. Dibuja y colorea las fichas. Traza el número que muestre cuántas hay en total. Escribe el número que muestre cuántas son amarillas. Traza el número que muestre cuántas son rojas.

318 trescientos dieciocho

Nombre _____

10   menos   4

_____   _____

- - - - - -   ▬▬▬   - - - - - -

_____   _____

_____

- - - - - -

_____

© Houghton Mifflin Harcourt Publishing Company

INSTRUCCIONES   2. Escucha el problema de resta. Pon diez fichas en el cuadro de diez. Dibuja y colorea las fichas. Escribe el número que muestre cuántas hay en total. Escribe el número que muestre cuántas son rojas. Traza el número que muestre cuántas son amarillas.

Resolución de problemas • Aplicaciones En el mundo

3

ESCRIBE

_____   ▬▬▬   _____

- - - - -   - - - - -

_____   _____

4

_____

- - - - -

_____

© Houghton Mifflin Harcourt Publishing Company

INSTRUCCIONES 3. Juanita tiene nueve manzanas. Una manzana es roja. Las otras manzanas son amarillas. Dibuja las manzanas. Escribe los números y traza el signo. **4.** Escribe el número que muestre cuántas manzanas son amarillas.

ACTIVIDAD PARA LA CASA • Muestre a su niño un conjunto de siete objetos pequeños. Ahora separe cuatro objetos. Pídale que diga un problema de resta sobre los objetos.

Nombre_____

La resta: Separar

Objetivo de aprendizaje Usarás objetos para mostrar la resta como separar.

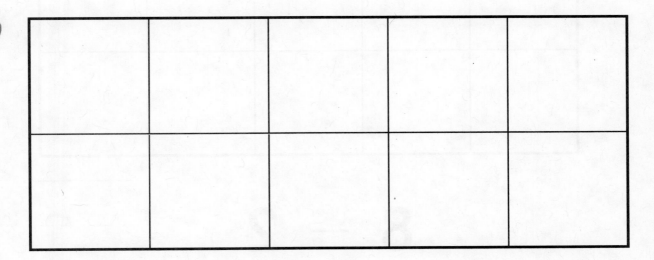

9   menos   3

_____   _____

_ _ _ _ _   ▬▬▬   _ _ _ _ _

_____   _____

_____

_ _ _ _ _

_____

INSTRUCCIONES   1. Escucha el problema de resta. Jane tiene nueve fichas. Tres fichas son rojas. El resto de las fichas son amarillas. ¿Cuántas son amarillas? Pon nueve fichas en el cuadro de diez. Dibuja y colorea las fichas. Escribe el número que muestre cuántas hay en total. Escribe el número que muestre cuántas son rojas. Escribe el número que muestre cuántas son amarillas.

Capítulo 6

Repaso de la lección

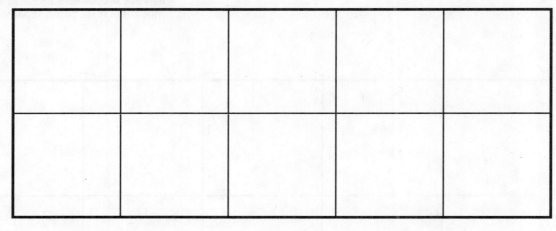

8 – 2

_____
_ _ _ _ _
_____

Repaso en espiral

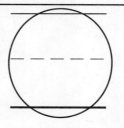

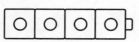

_____

INSTRUCCIONES   I. Clyde tiene ocho fichas. Dos de las fichas son amarillas. El resto de las fichas son rojas. ¿Cuántas son rojas? Dibuja y colorea las fichas. Escribe el número que muestre cuántas son rojas.   **2.** Cuenta el número de hojas en cada conjunto. Encierra en un círculo el conjunto que tiene el mayor número de hojas.   **3.** Compara los trenes de cubos. Escribe cuántos hay. Encierra en un círculo el número mayor.

PRACTICA MÁS CON EL
Entrenador personal
en matemáticas

Nombre _____

Resolución de problemas •
Representar problemas de resta

Pregunta esencial ¿Cómo resuelves problemas con la estrategia *haz una dramatización*?

Objetivo de aprendizaje Usarás la estrategia de *hacer una dramatización* al escuchar problemas y al completar enunciados de resta para resolver problemas.

 Soluciona el problema En el mundo

 — 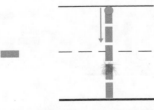 =

INSTRUCCIONES Escucha y representa el problema de resta. Traza el enunciado de resta. ¿Cómo puedes restar para saber cuántos niños quedan?

Capítulo 6 • Lección 3

 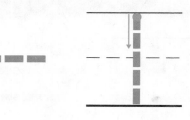 

INSTRUCCIONES I. Escucha y representa el problema de resta.
Traza los números y los signos. Escribe el número que muestre cuántos
niños quedan.

Nombre _____

2 ✓

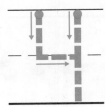 —  =  ___

INSTRUCCIONES 2. Escucha y representa el problema de resta.
Traza los números y los signos. Escribe el número que muestre cuántos
niños quedan.

Por tu cuenta En el mundo

3.

4 — = 1   = ___

4.

4 — 3 == ___

INSTRUCCIONES **3.** Di un problema de resta sobre los gatitos. Traza los números y los signos. Escribe el número que muestre cuántos gatitos quedan. **4.** Dibuja para mostrar lo que sabes sobre el enunciado de resta. Escribe cuántos quedan. Dile a un amigo un problema de resta que se relacione.

ACTIVIDAD PARA LA CASA • Diga a su niño un problema de resta corto. Pídale que represente el problema con objetos.

326 trescientos veintiséis

Resolución de problemas •
Representar problemas de resta

Objetivo de aprendizaje Usarás la estrategia de *hacer una dramatización* al escuchar problemas y al completar enunciados de resta para resolver problemas.

 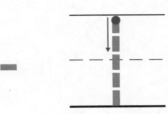 

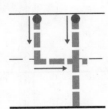  

INSTRUCCIONES 1 Di un problema de resta sobre los castores. Traza los números y los signos. Escribe el número que muestre cuántos castores quedan. **2.** Dibuja y cuenta un cuento sobre el enunciado de resta. Traza los números y los signos. Escribe cuántos quedan. Cuéntale a un amigo sobre tu dibujo.

© Houghton Mifflin Harcourt Publishing Company

Repaso de la lección

 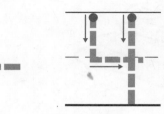

Repaso en espiral

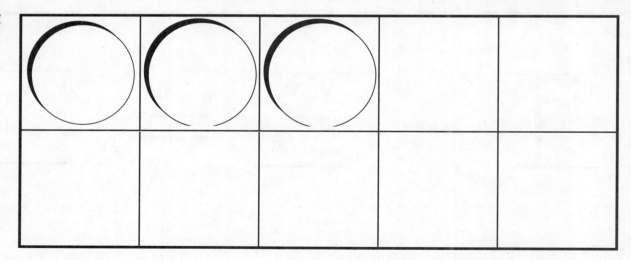

INSTRUCCIONES **1.** Di un problema de resta sobre las aves. Traza los números y los signos. Escribe el número que muestre cuántas aves quedan. **2.** Cuenta y di cuántas abejas hay. Escribe el número. **3.** ¿Cuántas fichas más pondrías para representar una manera de formar 7? Dibuja las fichas.

PRACTICA MÁS CON EL
Entrenador personal
en matemáticas

Nombre _____

Álgebra • Representar y dibujar problemas de resta

Pregunta esencial ¿Cómo resuelves los problemas de resta usando objetos y dibujos?

Objetivo de aprendizaje Usarás objetos y dibujos para resolver problemas de resta.

Escucha y dibuja

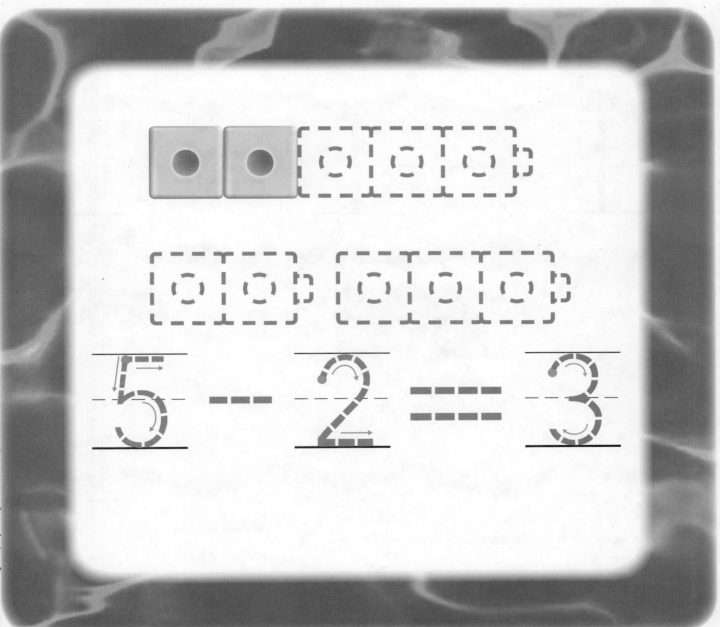

INSTRUCCIONES Haz el modelo de un tren de cinco cubos. Dos cubos son amarillos y los demás son rojos. Separa el tren para mostrar cuántos cubos son rojos. Dibuja y colorea los trenes de cubos. Traza el enunciado de resta.

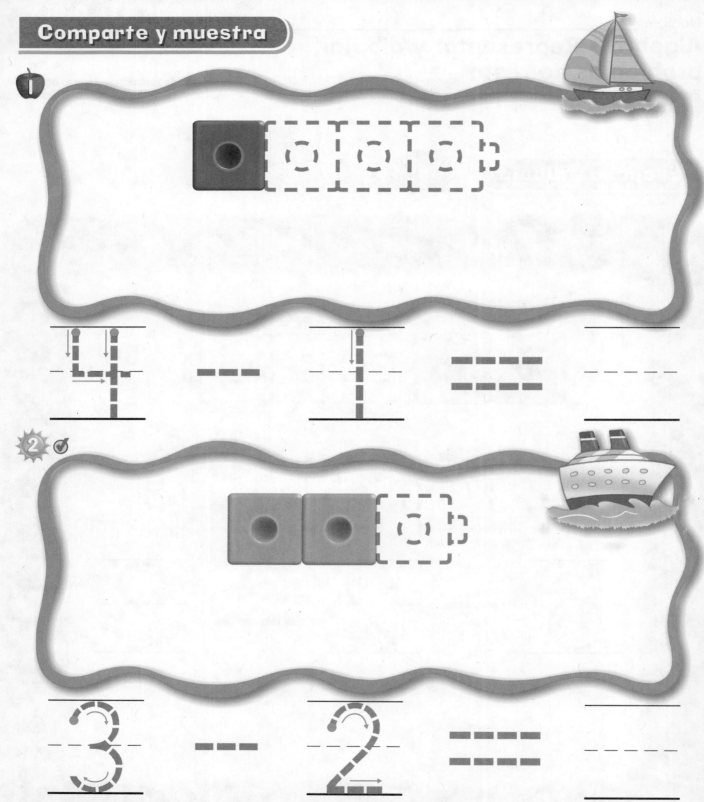

INSTRUCCIONES 1. Haz el modelo de un tren de cuatro cubos. Un cubo es azul y los demás son verdes. Separa el tren para mostrar cuántos cubos son verdes. Dibuja y colorea los trenes de cubos. Traza y escribe para completar el enunciado de resta. 2. Haz el modelo de un tren de tres cubos. Dos cubos son anaranjados y los demás son azules. Separa el tren para mostrar cuántos cubos son azules. Dibuja y colorea el tren de cubos. Traza y escribe para completar el enunciado de resta.

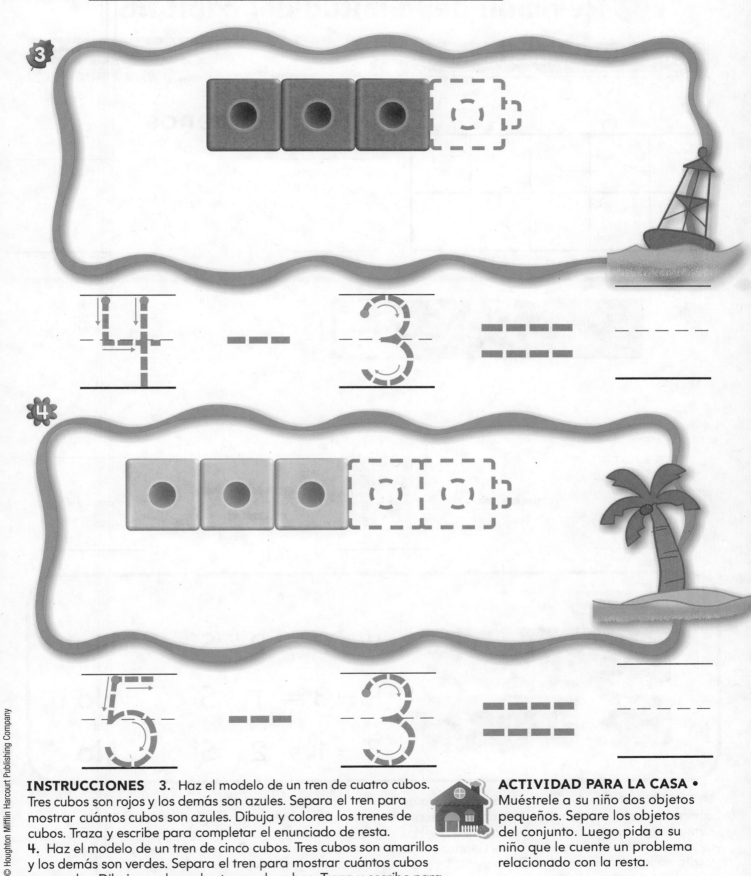

3

4 − 3 = _____

4

5 − 3 = _____

INSTRUCCIONES **3.** Haz el modelo de un tren de cuatro cubos. Tres cubos son rojos y los demás son azules. Separa el tren para mostrar cuántos cubos son azules. Dibuja y colorea los trenes de cubos. Traza y escribe para completar el enunciado de resta. **4.** Haz el modelo de un tren de cinco cubos. Tres cubos son amarillos y los demás son verdes. Separa el tren para mostrar cuántos cubos son verdes. Dibuja y colorea los trenes de cubos. Traza y escribe para completar el enunciado de resta.

ACTIVIDAD PARA LA CASA • Muéstrele a su niño dos objetos pequeños. Separe los objetos del conjunto. Luego pida a su niño que le cuente un problema relacionado con la resta.

Capítulo 6 • Lección 4

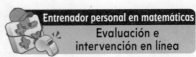

Entrenador personal en matemáticas
Evaluación e intervención en línea

 1

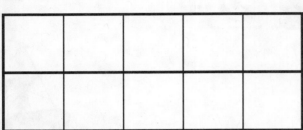

6   menos   1

_____   _____

_ _ _ _ _   ▃▃▃   _ _ _ _

_____   _____

 2

_____

5 ▃▃ 4 ▃▃▃ _ _ _ _ _
       ▃▃▃
_____   _____

 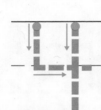 

3 **PIENSA MÁS**

4 – 2 = 2   Sí ○   No ○

4 – 3 = 1   Sí ○   No ○

3 – 1 = 2   Sí ○   No ○

INSTRUCCIONES   1. Choi tiene 6 fichas. Una de las fichas es amarilla y el resto son rojas. Dibuja y colorea las seis fichas en el cuadro de diez. Escribe el número que muestre cuántas hay en total. Escribe el número que muestre cuántas son amarillas. **2.** Haz el modelo de un tren de cinco cubos. Cuatro cubos son azules y los demás son anaranjados. Separa el tren para mostrar cuántos cubos son anaranjados. Dibuja y colorea los trenes de cubos. Traza y escribe para completar el enunciado de resta. **3.** Elige Sí o No. ¿Coincide el enunciado de resta con el modelo?

Nombre_____

Álgebra • Representar y dibujar problemas de resta

Objetivo de aprendizaje Usarás objetos y dibujos para resolver problemas de resta.

1

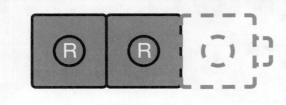

2

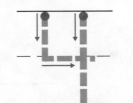

INSTRUCCIONES   1. Haz un modelo de un tren de tres cubos. Dos cubos son rojos y el resto son azules. Separa los cubos del tren para mostrar cuántos cubos son azules. Dibuja y colorea los trenes de cubos. Traza y escribe para completar el enunciado de resta.   **2.** Haz el modelo de un tren de cinco cubos. Un cubo es amarillo y el resto son verdes. Separa los cubos del tren para mostrar cuántos cubos son verdes. Dibuja y colorea los trenes de cubos. Traza y escribe para completar el enunciado de resta.

Capítulo 6

Repaso de la lección

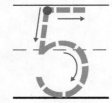 --  ===

Repaso en espiral

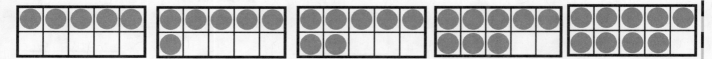

5 ___ 7 ___ 9

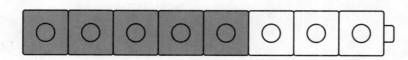

8 === ___ + ___

INSTRUCCIONES **1.** Ellie hace el tren de cubos que se muestra. Ella separa los cubos del tren para mostrar cuántos cubos son grises. Traza y escribe para mostrar el enunciado de resta para el tren de cubos de Ellie. **2.** Cuenta los puntos en los cuadros de diez. Empieza con 5. Escribe los números en orden mientras cuentas hacia adelante. **3.** Completa el enunciado de suma para mostrar los números que se relacionen con el tren de cubos.

334 trescientos treinta y cuatro

PRACTICA MÁS CON EL
Entrenador personal
en matemáticas

Álgebra • Escribir enunciados de resta

Pregunta esencial ¿Cómo resuelves problemas de resta y completas la ecuación?

Objetivo de aprendizaje Resolverás problemas de resta del mundo real y completarás el enunciado de resta.

Escucha y dibuja En el mundo

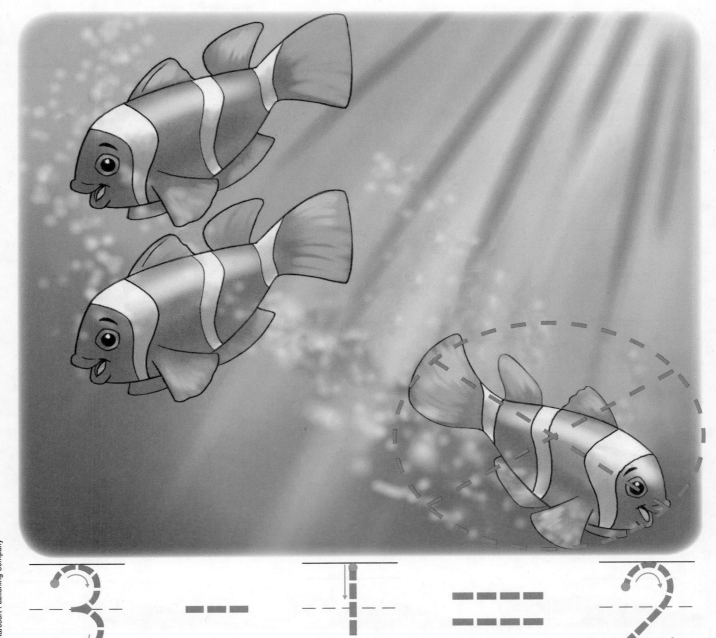

INSTRUCCIONES Hay tres peces. Uno de los peces se va nadando. Ahora hay dos peces. Traza el círculo y la X para mostrar el pez que se va nadando. Traza el enunciado de resta.

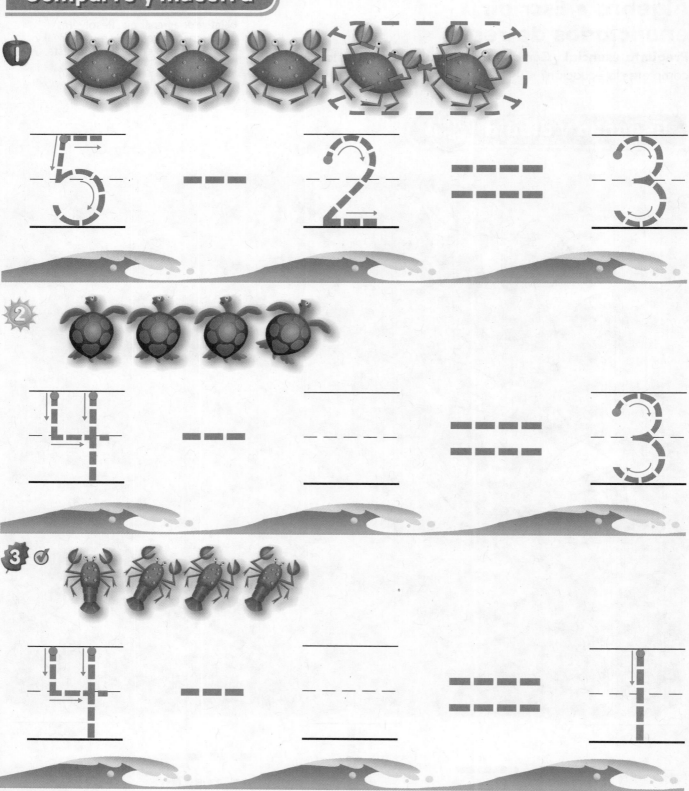

INSTRUCCIONES 1. Escucha el problema de resta. Traza el círculo y la X para
mostrar cuántos se quitan del conjunto. Traza para completar el enunciado de
resta. **2–3.** Escucha el problema de resta. ¿Cuántos se quitan del conjunto? Encierra
en un círculo y marca una X para mostrar cuántos se quitan del conjunto. Traza y
escribe para completar el enunciado de resta.

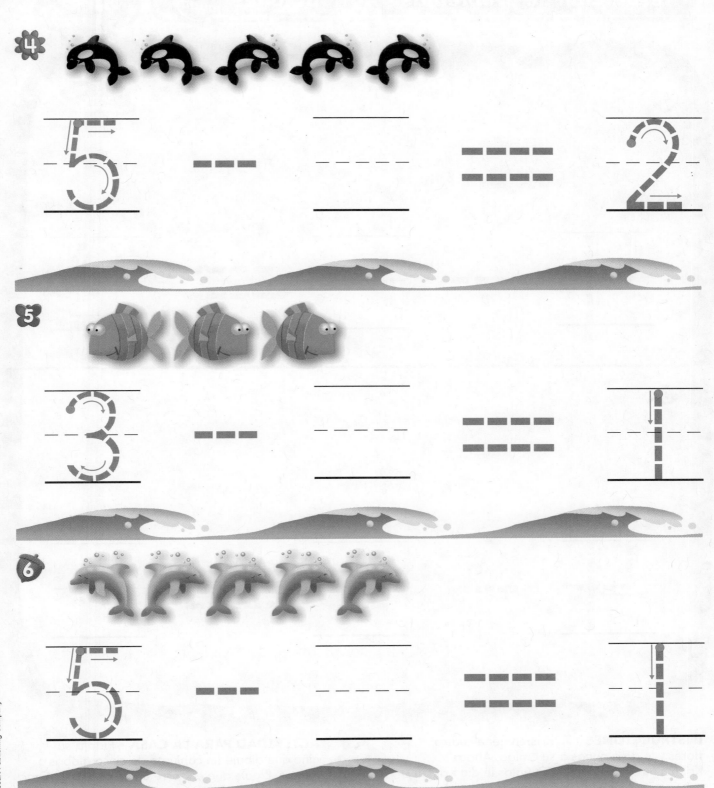

INSTRUCCIONES **4–6.** Escucha el problema de resta. ¿Cuántos se quitan del conjunto? Encierra en un círculo y marca una X para mostrar cuántos se quitan del conjunto. Traza y escribe para completar el enunciado de resta.

Resolución de problemas · Aplicaciones

⑦

⑧

INSTRUCCIONES **7.** Kristen tiene cuatro flores y le da algunas a su amigo. Ahora Kristen tiene dos flores. ¿Cuántas le dio Kristen a su amigo? Dibuja para resolver el problema. Completa el enunciado de resta. **8.** Di un problema de resta diferente sobre las flores. Dibuja para mostrar cómo resolviste el problema. Explícale a un amigo tu dibujo. Completa el enunciado de resta.

ACTIVIDAD PARA LA CASA • Pida a su niño que dibuje un conjunto de cinco globos o menos. Pídale que encierre en un círculo y ponga una X en algunos globos para mostrar que se reventaron. Luego pida a su niño que le cuente un problema relacionado con la resta.

Álgebra • Escribir enunciados de resta

Objetivo de aprendizaje Resolverás problemas de resta del mundo real y completarás el enunciado de resta.

4 - ___ = ___ 1

3 - ___ = ___ 2

---

5 - ___ = ___ 1

INSTRUCCIONES   1–3. Escucha el problema de resta sobre los animales. Hay ____ ____. Algunos se quitan del conjunto. Ahora hay ____. ¿Cuántos se quitan del conjunto? Encierra en un círculo y marca una X para mostrar cuántos se quitan del conjunto. Traza y escribe para completar el enunciado de resta.

Capítulo 6

Repaso de la lección

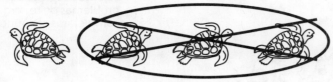

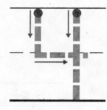

Repaso en espiral

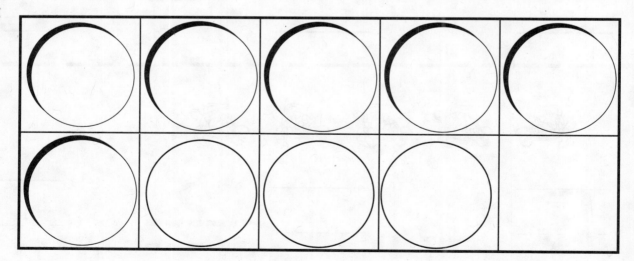

INSTRUCCIONES   1. Traza y escribe para mostrar el enunciado de resta para
el conjunto.   **2.** Cuenta el número de fichas en cada conjunto. Encierra en un
círculo el conjunto que tiene el mayor número de fichas.   **3.** ¿Cuántas fichas más
pondrías para representar una manera de formar 9? Dibuja las fichas.

340 trescientos cuarenta

PRACTICA MÁS CON EL
Entrenador personal
en matemáticas

Nombre _____

Álgebra • Escribir más enunciados de resta

Pregunta esencial ¿Cómo resuelves los problemas de resta y completas la ecuación?

Objetivo de aprendizaje Resolverás problemas de resta del mundo real y completarás el enunciado de resta.

Escucha y dibuja En el mundo

INSTRUCCIONES Hay seis aves. Un ave se va volando. Traza el círculo alrededor de esa ave y ponle una X. ¿Cuántas aves quedan? Traza el enunciado de resta.

Capítulo 6 • Lección 6

trescientos cuarenta y uno **341**

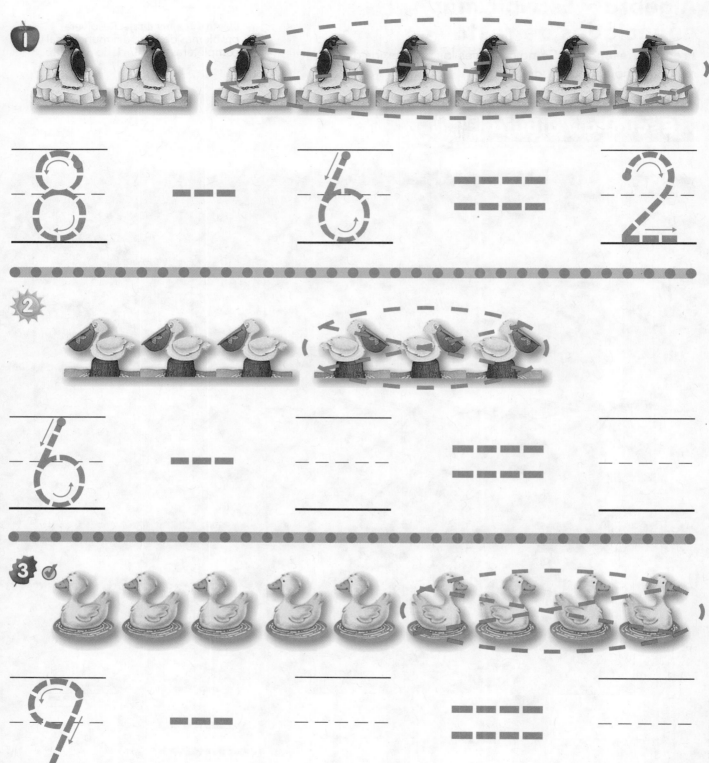

INSTRUCCIONES Escucha el problema de resta. **I.** ¿Cuántas aves se separan del conjunto? Traza el círculo y la X. ¿Cuántas aves quedan? Traza el enunciado de resta. **2–3.** ¿Cuántas aves se separan del conjunto? Traza el círculo y la X. ¿Cuántas aves quedan? Traza y escribe para completar el enunciado de resta.

342 trescientos cuarenta y dos

Nombre _____

INSTRUCCIONES **4–6.** Escucha el problema de resta.
¿Cuántas aves se separan del conjunto? Traza el círculo y la
X. ¿Cuántas aves quedan? Traza y escribe para completar el
enunciado de resta.

© Houghton Mifflin Harcourt Publishing Company

Resolución de problemas · Aplicaciones En el mundo

7

$$8 - \_\_\_ = \_\_\_$$

INSTRUCCIONES **7.** Completa el enunciado de resta. Dibuja objetos reales para mostrar lo que sabes sobre este enunciado de resta. Explícale a un amigo tu dibujo.

ACTIVIDAD PARA LA CASA · Diga a su niño que usted tiene unos objetos escondidos en la mano. Dígale que usted ha separado dos objetos del conjunto y que ahora le quedan cinco objetos. Pídale que le diga con cuántos objetos empezó.

Álgebra • Escribir más enunciados de resta

Objetivo de aprendizaje Resolverás problemas de resta del mundo real y completarás el enunciado de resta.

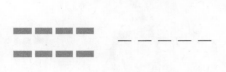

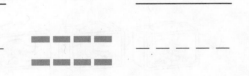

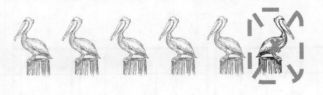

INSTRUCCIONES 1–3. Escucha un problema de resta sobre las aves. Hay siete aves. _____ se quitan del conjunto. Ahora hay _____ aves en total. ¿Cuántas aves se quitan del conjunto? ¿Cuántas aves hay ahora? Traza y escribe para completar el enunciado de resta.

Capítulo 6

Repaso de la lección

 — ═══

Repaso en espiral

_____

_ _ _ _ _

_____

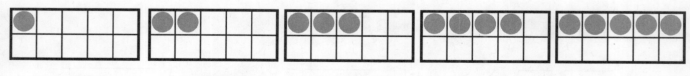

1   2   _ _ _   4   _____

© Houghton Mifflin Harcourt Publishing Company

INSTRUCCIONES   1. Traza y escribe para mostrar el enunciado de resta para los autobuses.   **2.** ¿Cuántas fiambreras hay? Escribe el número.   **3.** Cuenta los puntos en los cuadros de diez. Empieza con 1. Escribe los números en orden mientras cuentas hacia adelante.

346 trescientos cuarenta y seis

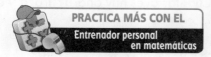

Nombre _____

Álgebra • Suma y resta

Pregunta esencial ¿Cómo sumas y restas para resolver problemas?

Objetivo de aprendizaje Usarás la suma y la resta para resolver problemas.

Escucha y dibuja En el mundo   Manos a la obra

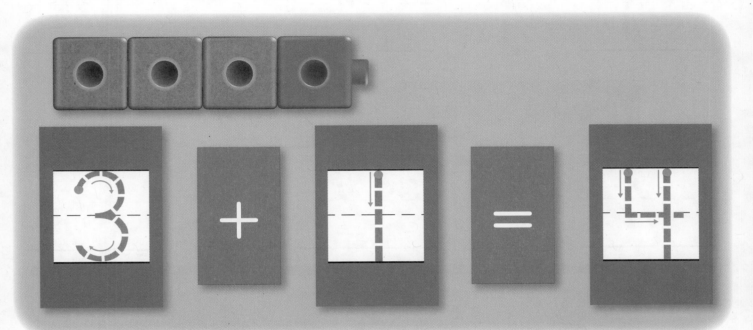

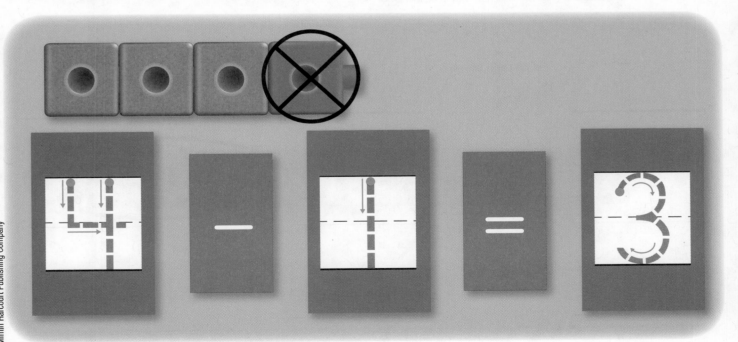

INSTRUCCIONES Escucha los problemas de suma y resta. Usa cubos y fichas con números y signos, como se muestra, para relacionar los problemas. Traza para completar los enunciados numéricos.

1

$$5 + 2 = 7$$

$$7 - 2 = 5$$

2

$$\_\_\_ + \_\_\_ = \_\_\_$$

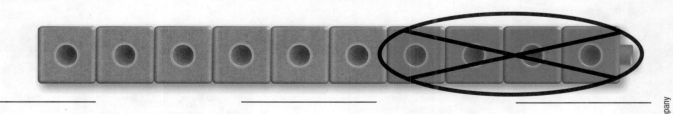

$$\_\_\_ - \_\_\_ = \_\_\_$$

INSTRUCCIONES Explica problemas de suma y resta. Usa cubos para sumar y restar. **1.** Traza los enunciados numéricos. **2.** Completa los enunciados numéricos.

3

_ _ _ _ _   **+**   _ _ _ _ _   **=**   _ _ _ _ _

_ _ _ _ _   **–**   _ _ _ _ _   **=**   _ _ _ _ _

4

_ _ _ _ _   **+**   _ _ _ _ _   **=**   _ _ _ _ _

_ _ _ _ _   **–**   _ _ _ _ _   **=**   _ _ _ _ _

INSTRUCCIONES   **3–4.** Habla sobre problemas de suma y resta.
Usa cubos para sumar y restar. Completa los enunciados numéricos.

Resolución de problemas • Aplicaciones En el mundo

ESCRIBE

$$6 + 3 = 9$$

5

_____   _____   _____

6

_____   _____   _____

© Houghton Mifflin Harcourt Publishing Company

INSTRUCCIONES Observa el enunciado de suma en la parte de arriba de la página. **5–6.** Habla sobre un problema de resta relacionado. Completa el enunciado de resta.

ACTIVIDAD PARA LA CASA • Pida a su niño que haga el modelo de un problema de suma simple con objetos. Luego pídale que explique cómo convertirlo en un problema de resta.

Álgebra • Suma y resta

Objetivo de aprendizaje Usarás la suma y la resta para resolver problemas.

_____ + _____ = _____

- -

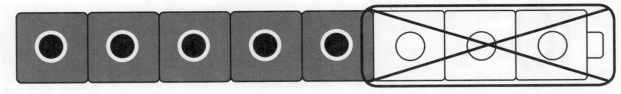

_____ - _____ = _____

INSTRUCCIONES 1–2. Di un problema de suma o de resta. Suma o resta usando cubos. Completa el enunciado numérico.

Repaso de la lección

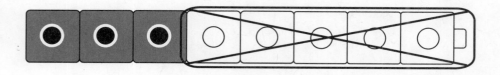

_____ _____ ===== _____ =====

_____

Repaso en espiral

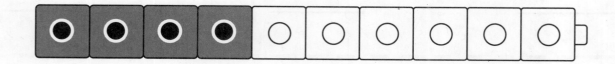

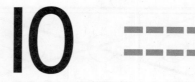 

$$10 \;=\!=\!=\; \text{-----} \;+\; \text{-----}$$

---

8   9

INSTRUCCIONES   1. Di un problema de resta. Resta usando cubos. Completa
el enunciado numérico.   **2.** Completa el enunciado de suma para mostrar los
números que se relacionen con el tren de cubos.   **3.** Compara los números.
Encierra en un círculo el número mayor.

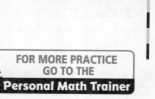

FOR MORE PRACTICE
GO TO THE
Personal Math Trainer

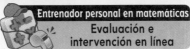

✓Repaso y prueba del Capítulo 6

1

4   quita   _____

_ _ _ _ _ _

_ _ _ _ _ _

_____

2

9 − 1	○ Sí	○ No
9 − 5	○ Sí	○ No
8 − 3	○ Sí	○ No

Personal Math Trainer

3 PIENSA MÁS +

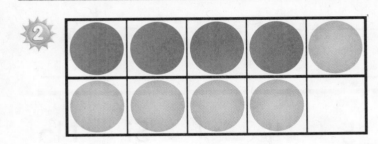

5 − − 2 = = = _ _ _ _

INSTRUCCIONES 1. Escribe cuántos búhos se van volando. Escribe cuántos búhos quedan. **2.** Hay 9 fichas. 5 son amarillas y el resto son rojas ¿Cuáles respuestas muestran cuántas fichas son rojas? Escoge Sí o No. **3.** Haz un modelo de un tren de cinco cubos. Dos cubos son amarillos y los demás son azules. Separa el tren de cubos para mostrar cuántos son azules. Dibuja los trenes de cubos. Traza y escribe para completar el enunciado de resta.

4

5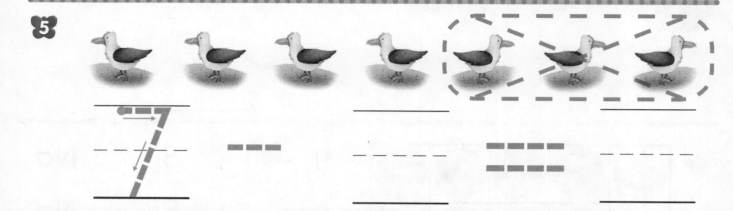

6

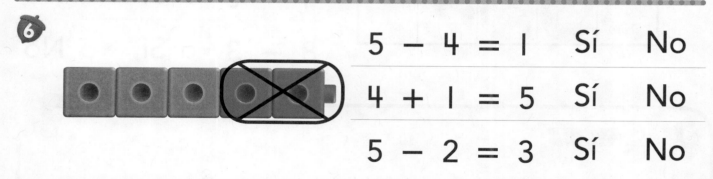

$$5 - 4 = 1 \qquad \text{Sí} \qquad \text{No}$$

$$4 + 1 = 5 \qquad \text{Sí} \qquad \text{No}$$

$$5 - 2 = 3 \qquad \text{Sí} \qquad \text{No}$$

7

$$9 = 3 + 6 \qquad 10 = 3 + 7 \qquad 3 + 7 = 10$$

◯ ◯ ◯

INSTRUCCIONES   4. Hay 4 pingüinos. Se quitan dos pingüinos del conjunto. ¿Cuántos pingüinos quedan? Traza y escribe para completar el enunciado de resta.   **5.** Hay siete aves. Se quitan algunas aves del conjunto. ¿Cuántas aves quedan? Traza y escribe para completar el enunciado de resta.   **6.** ¿Coincide el enunciado numérico con el modelo? Encierra en un círculo Sí o No.   **7.** Marca todos los enunciados numéricos que coinciden con los cubos.

354 trescientos cincuenta y cuatro

4 -- 3 === _____

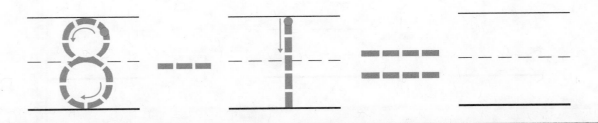

8 -- 1 === _____

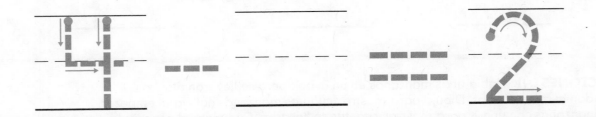

4 -- ___ === 2

INSTRUCCIONES **8.** Haz un modelo de un tren de cuatro cubos. Tres cubos son rojos y los demás son azules. Separa el tren para mostrar cuántos cubos son azules. Dibuja los trenes de cubos. Completa el enunciado de resta. **9–10.** Completa el enunciado de resta que coincida con el dibujo.

11 PIENSA MÁS **+**

_____   _____

_ _ _ _ _ _   ▬▬▬   _ _ _ _ _ _   ▬▬▬▬   = **0**
▬▬▬▬

_____   _____

12

_____   _____   _____

5   ▬ ▬ ▬   _ _ _ _ _   ▬▬▬▬   _ _ _ _ _
▬▬▬▬

_____   _____   _____

13

_____   _____

6   ▬ ▬ ▬   _ _ _ _ _   ▬▬▬▬   4
▬▬▬▬

_____   _____

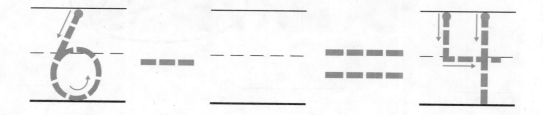

INSTRUCCIONES 11. Había unas manzanas en un árbol, pero se llevaron algunas. Ahora quedan cero manzanas. Dibuja para mostrar cuántas manzanas habría al empezar. Tacha las manzanas con una X para mostrar cuántas se llevaron. Completa el enunciado de resta. **12.** Hay cinco aves. Se quitan algunas aves del conjunto. ¿Cuántas aves quedan? Traza y escribe para completar el enunciado de resta. **13.** Érica tiene 6 globos. Le regala algunos de los globos a una amiga. Ahora Érica tiene 4 globos. ¿Cuántos globos le regaló Érica a su amiga? Dibuja para resolver el problema. Completa el enunciado de resta.

Representar, contar y escribir del 11 al 19

Aprendo más con

Jorge el Curioso

Las conchas marinas vienen en muchos colores y patrones.

- ¿Es el número de conchas marinas mayor o menor que 10?

Nombre _____

Dibuja objetos hasta 10

 1

10

2

9

Escribe números hasta 10

3

_____

- - - - - - - - - - -

_____

4

_____

- - - - - - - - - - -

_____

5

_____

- - - - - - - - - - -

_____

6
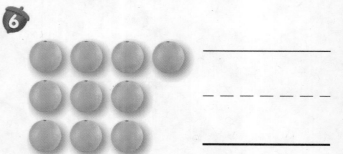
_____

- - - - - - - - - - -

_____

Esta página es para comprobar la comprensión de las destrezas importantes que se necesitan para tener éxito con el Capítulo 7.

INSTRUCCIONES 1. Dibuja 10 naranjas.   **2.** Dibuja 9 manzanas.
3–6. Cuenta y di cuántas hay. Escribe el número.

© Houghton Mifflin Harcourt Publishing Company • Image Credits: (cl) ©Stockbyte/Getty Images (cr) ©PhotoAlto/Getty Images (bl) ©Artville/Getty Images (br) ©Ramesh Racha/Alamy

Nombre _____

LLEGADA

tres

cuatro

uno 1

dos

2

3

4

cinco

5

8

7

6

ocho

siete

seis

CARRERA
DEL PARQUE
REPOLLO

9

10

nueve

diez

INSTRUCCIONES Encierra en un círculo el nombre del número que sea mayor que nueve.

• **Libro interactivo del estudiante**
• **Glosario multimedia**

Capítulo 7

trescientos cincuenta y nueve **359**

Juego

Sendero agridulce

SALIDA

7

6

9

10

5

FIN

2

INSTRUCCIONES Juega con un compañero. Pongan las fichas en la SALIDA. Túrnense en lanzar el cubo numerado. Avancen ese número de espacios. Si el jugador cae en un limón, lee el número y regresa esa cantidad de espacios. Si el jugador cae en una fresa, lee el número y avanza esa cantidad de espacios. Si cae en un espacio sin limón o fresa, es el turno del otro jugador. Gana el primer jugador que llega al FIN.

MATERIALES dos fichas, cubo numerado del 1 al 6

360 trescientos sesenta

Vocabulario del Capítulo 8

cien

one hundred

9

cincuenta

fifty

12

decenas

tens

23

dieciocho

eighteen

29

dieciséis

sixteen

30

diecisiete

seventeen

31

quince

fifteen

66

veinte

twenty

82

1	2	3	4	5	6	7	8	9	10
11	12	13	14	15	16	17	18	19	20
21	22	23	24	25	26	27	28	29	30
31	32	33	34	35	36	37	38	39	40
41	42	43	44	45	46	47	48	49	50

↑

1	2	3	4	5	6	7	8	9	10
11	12	13	14	15	16	17	18	19	20
21	22	23	24	25	26	27	28	29	30
31	32	33	34	35	36	37	38	39	40
41	42	43	44	45	46	47	48	49	50
51	52	53	54	55	56	57	58	59	60
61	62	63	64	65	66	67	68	69	70
71	72	73	74	75	76	77	78	79	80
81	82	83	84	85	86	87	88	89	90
91	92	93	94	95	96	97	98	99	100

↑

18

1	2	3	4	5	6	7	8	9	10
11	12	13	14	15	16	17	18	19	20
21	22	23	24	25	26	27	28	29	30
31	32	33	34	35	36	37	38	39	40
41	42	43	44	45	46	47	48	49	50
51	52	53	54	55	56	57	58	59	60
61	62	63	64	65	66	67	68	69	70
71	72	73	74	75	76	77	78	79	80
81	82	83	84	85	86	87	88	89	90
91	92	93	94	95	96	97	98	99	100

↑
decenas

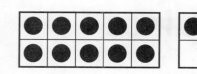

17

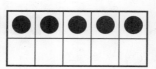

16

20

15

Vocabulario del Capítulo 1 *(continuación)*

pares pairs 64	**tres** three 78
uno one 81	**y** and 86

3

3

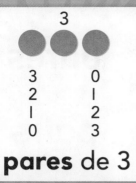

3		0
2		1
1		2
0		3

pares de 3

 y

2 + 2

1

Juego

Adivina la palabra

Recuadro de palabras

once
doce
trece
catorce
quince
dieciséis
diecisiete
dieciocho
diecinueve
unidades

Palabras secretas

Jugador 1

Jugador 2

INSTRUCCIONES Los jugadores se turnan. Un jugador escoge una palabra secreta del Recuadro de palabras y después activa el cronómetro. El jugador da pistas sobre la palabra secreta. Si el otro jugador adivina la palabra secreta antes de que termine el tiempo, coloca un cubo interconectable en la tabla. Gana el primer jugador que tenga cubos interconectables en todas sus casillas.

MATERIALES cronómetro, papel de dibujo, cubos interconectables para cada jugador

Capítulo 7

Escríbelo

INSTRUCCIONES Traza el 17. Haz un dibujo para mostrar lo que sabes sobre el 17.
Reflexiona Prepárate para hablar de tu dibujo.

Nombre _____

Hacer un modelo y contar 11 y 12

Pregunta esencial ¿Cómo muestras con objetos que el 11 y el 12 son diez unidades con unas unidades más?

Objetivo de aprendizaje Usarás objetos para mostrar 11 y 12 como diez unidades y unas unidades más.

INSTRUCCIONES Muestra el número 11 con fichas. Agrega más para mostrar el número 12. Dibuja las fichas. Cuéntale a un amigo lo que sabes acerca de estos números.

Capítulo 7 • Lección 1

trescientos sesenta y uno **361**

1

once

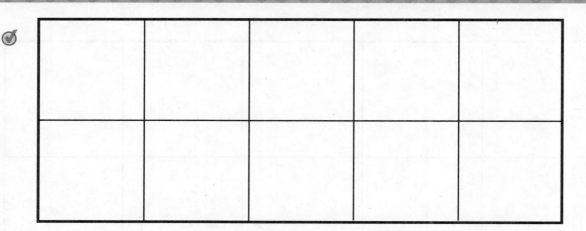

2 ✓

3

_____

- - - - - - - -

unidades y _____ **unidad**

INSTRUCCIONES 1. Cuenta y di cuántas hay. Traza el número. **2.** Muestra
el número 11 con fichas. Dibuja las fichas. **3.** Observa las fichas que dibujaste.
¿Cuántas unidades hay en el cuadro de diez? Traza el número. ¿Cuántas unidades
más hay? Escribe el número.

4

12
doce

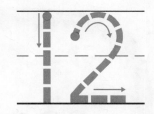

5

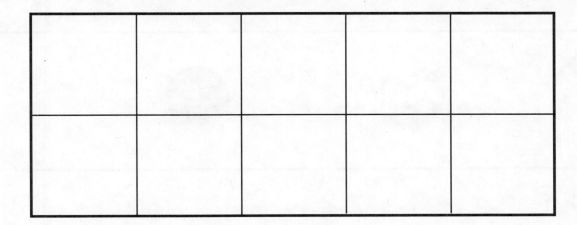

6

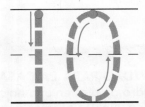

unidades y _____ unidades

INSTRUCCIONES 4. Cuenta y di cuántas hay. Traza el número. **5.** Muestra el número 12 con fichas. Dibuja las fichas. **6.** Observa las fichas que dibujaste. ¿Cuántas unidades hay en el cuadro de diez? Traza el número. ¿Cuántas unidades más hay? Escribe el número.

Resolución de problemas • Aplicaciones En el mundo

7

8

9

| | = | ___ | + | ___ |

INSTRUCCIONES **7.** María hace una pulsera con 11 cuentas. Ella empieza por la cuenta azul de la izquierda. Encierra en un círculo las cuentas que María usa para hacer su pulsera. **8.** Entre esas 11 cuentas, ¿hay más cuentas azules o amarillas? Encierra en un círculo la cuenta del color que haya más. **9.** Dibuja un conjunto de 11 objetos. Si encierras en un círculo 10 de esos objetos, ¿cuántos objetos más hay? Completa el enunciado de suma para relacionar.

ACTIVIDAD PARA LA CASA • Dibuje un cuadro de diez en una hoja. Pida a su niño que use objetos pequeños, como botones, monedas de 1¢ o frijoles secos para mostrar los números 11 y 12.

364 trescientos sesenta y cuatro

© Houghton Mifflin Harcourt Publishing Company

Hacer un modelo y contar 11 y 12

Objetivo de aprendizaje Usarás objetos para mostrar 11 y 12 como diez unidades y unas unidades más.

12
doce

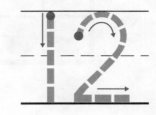

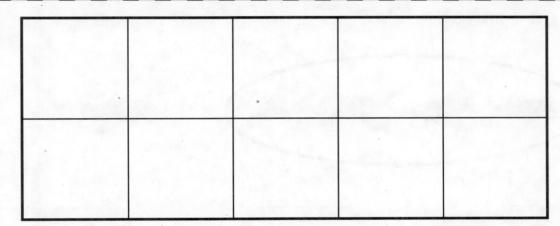

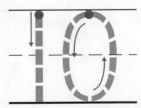 **unidades y** _____ **unidades**

INSTRUCCIONES 1. Cuenta y di cuántos hay. Traza el número. **2.** Usa fichas para mostrar el número 12. Dibuja las fichas. **3.** Observa las fichas que dibujaste. ¿Cuántas unidades hay en el cuadro de diez? Traza el número. ¿Cuántas unidades más hay? Escribe el número.

Repaso de la lección

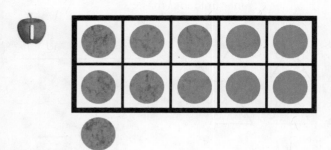

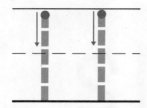

Repaso en espiral

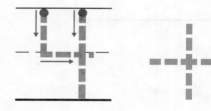  

INSTRUCCIONES **I.** Cuenta y di cuántas fichas hay. Traza el número.
2. Escribe y traza para mostrar el enunciado de suma para los conjuntos de
aviones. **3.** Cuenta y di cuántos hay en cada conjunto. Escribe los números.
Compara los números. Encierra en un círculo el número que es menor.

366 trescientos sesenta y seis

PRACTICA MÁS CON EL
Entrenador personal
en matemáticas

Nombre _____

Contar y escribir 11 y 12

Pregunta esencial ¿Cómo cuentas y escribes 11 y 12 con palabras y números?

Objetivo de aprendizaje Contarás objetos y escribirás 11 y 12 en palabras y con números enteros.

Escucha y dibuja

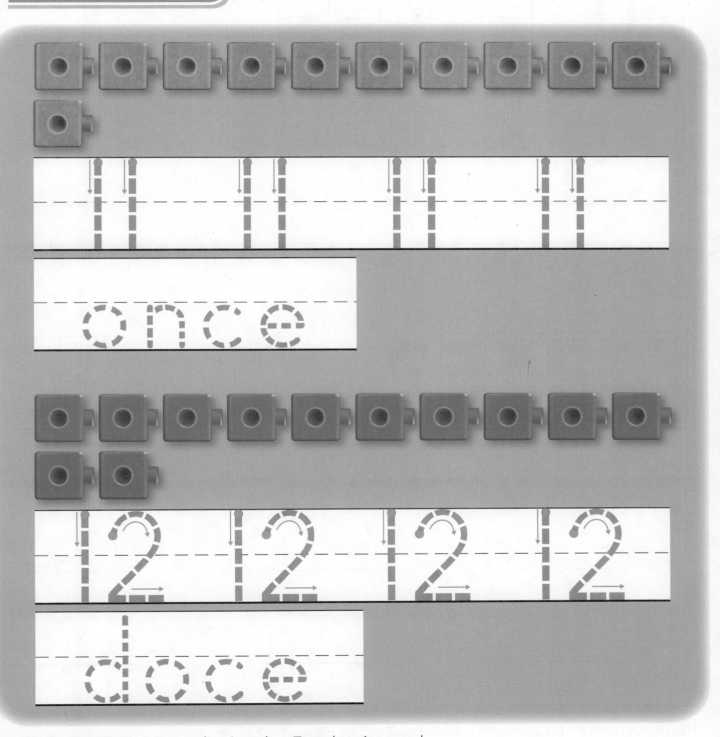

INSTRUCCIONES Cuenta y di cuántos hay. Traza los números y las palabras.

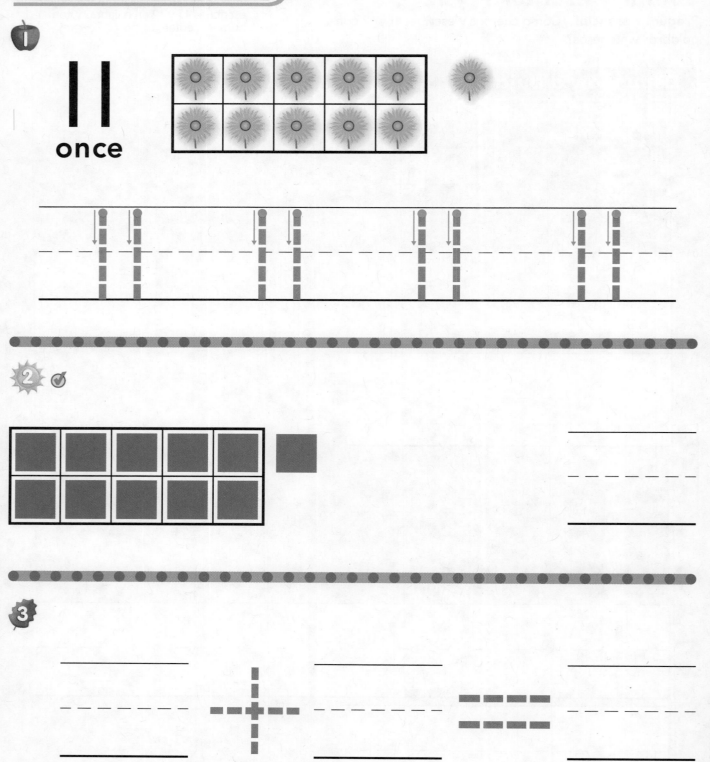

1

11
once

2 ✓

3

INSTRUCCIONES 1. Cuenta y di cuántas hay. Traza los números. **2.** Cuenta
y di cuántos hay. Escribe el número. **3.** Observa las unidades de diez y algunas
unidades más en el Ejercicio 2. Completa el enunciado de suma para relacionar.

368 trescientos sesenta y ocho

Nombre _____

12
doce

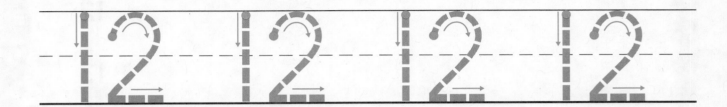

5

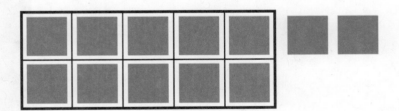

_____

- - - - - - - - - - - - - - -

_____

6

INSTRUCCIONES 4. Cuenta y di cuántas hay. Traza los números. 5. Cuenta y di cuántos hay. Escribe el número. 6. Observa las unidades de diez y algunas unidades más en el Ejercicio 5. Completa el enunciado de suma para relacionar.

© Houghton Mifflin Harcourt Publishing Company

Capítulo 7 • Lección 2

trescientos sesenta y nueve **369**

Resolución de problemas · Aplicaciones En el mundo

ESCRIBE

7

11

12

13

8

12 = ___ ___ + ___

INSTRUCCIONES 7. Brooke recogió un número de flores. Encierra en un círculo el número total de flores que crees que recolectó Brooke. Dibuja las flores que faltan para mostrar el número que recogió. **8.** Dibuja un conjunto de 12 objetos. Si encierras en un círculo 10 de esos objetos, ¿cuántos objetos más hay? Completa el enunciado de suma para relacionar.

ACTIVIDAD PARA LA CASA · Pida a su niño que cuente y escriba el número para un conjunto de 11 o 12 objetos, como monedas o botones.

370 trescientos setenta

Nombre _____

Contar y escribir 11 y 12

Objetivo de aprendizaje Contarás objetos y escribirás 11 y 12 en palabras y con números enteros.

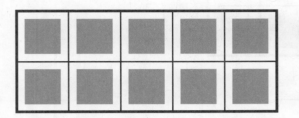 

_____

- - - - - - - - -

_____

_____   _____   _____

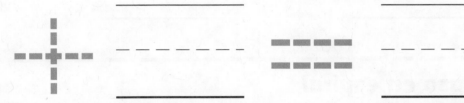

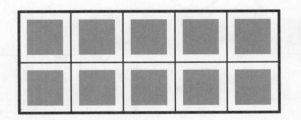 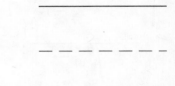

_____

- - - - - - - - -

_____

_____   _____   _____

INSTRUCCIONES   1. Cuenta y di cuántas fichas cuadradas hay. Escribe el número.   **2.** Observa las diez unidades y algunas unidades más del Ejercicio 1. Completa el enunciado de suma para relacionar.   **3.** Cuenta y di cuántas fichas cuadradas hay. Escribe el número.   **4.** Observa las diez unidades y algunas unidades más del Ejercicio 3. Completa el enunciado de suma para relacionar.

Repaso de la lección

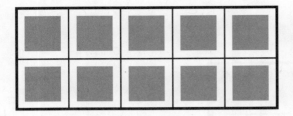

_____   +   _____   = =   _____

Repaso en espiral

   - -   _ _ _   = =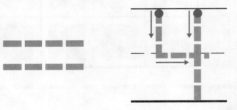

_____

_____

© Houghton Mifflin Harcourt Publishing Company

INSTRUCCIONES 1. Observa las diez unidades y algunas unidades más. Completa el enunciado de suma para relacionar. **2.** Traza y escribe para mostrar el enunciado de resta para los peces. **3.** ¿Cuántas aves hay? Escribe el número.

372 trescientos setenta y dos

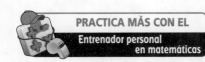

PRACTICA MÁS CON EL
Entrenador personal
en matemáticas

Nombre _____

Hacer un modelo y contar 13 y 14

Pregunta esencial ¿Cómo muestras con objetos que el 13 y el 14 son diez unidades con unas unidades más?

Objetivo de aprendizaje Usarás objetos para mostrar 13 y 14 como diez unidades y unas unidades más.

Escucha y dibuja

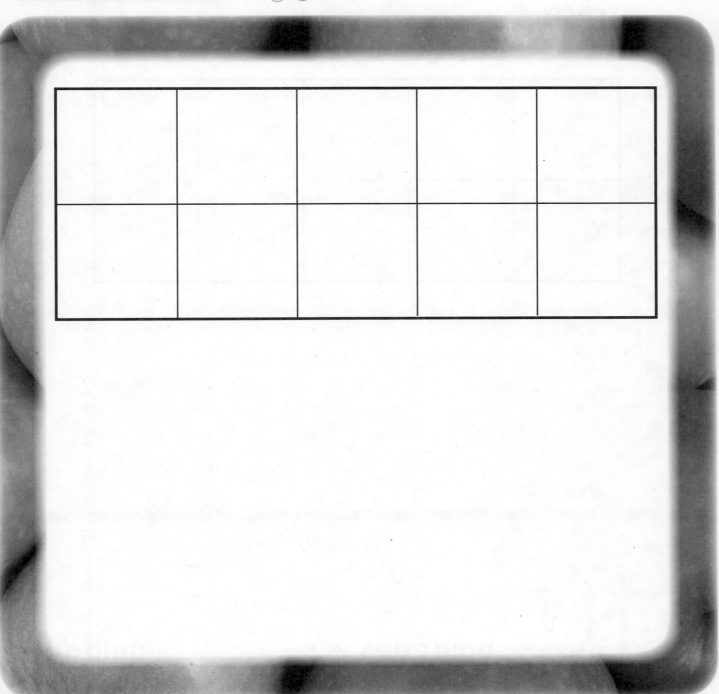

INSTRUCCIONES Muestra el número 13 con fichas. Agrega más para mostrar el número 14. Dibuja las fichas. Cuéntale a un amigo lo que sabes acerca de estos números.

Capítulo 7 • Lección 3

trescientos setenta y tres **373**

1 13
trece

2 ✓

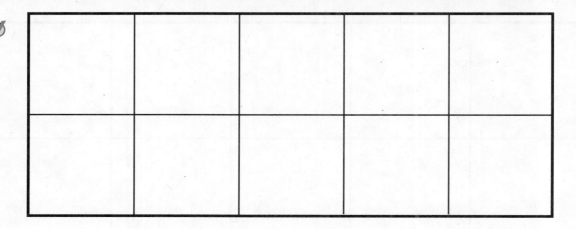

3

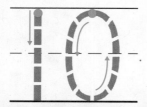

unidades y _____ unidades

INSTRUCCIONES 1. Cuenta y di cuántos hay. Traza el número. 2. Usa fichas para mostrar el número 13. Dibuja las fichas. 3. Observa las fichas que dibujaste. ¿Cuántas unidades hay en el cuadro de diez? Traza el número. ¿Cuántas unidades más hay? Escribe el número.

4

14
catorce

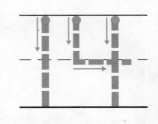

5

6

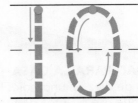

_____

unidades y _____ **unidades**

INSTRUCCIONES 4. Cuenta y di cuántas hay. Traza el número. **5.** Usa fichas para mostrar el número 14. Dibuja las fichas. **6.** Observa las fichas que dibujaste. ¿Cuántas unidades hay en el cuadro de diez? Traza el número. ¿Cuántas unidades más hay? Escribe el número.

Resolución de problemas · Aplicaciones En el mundo

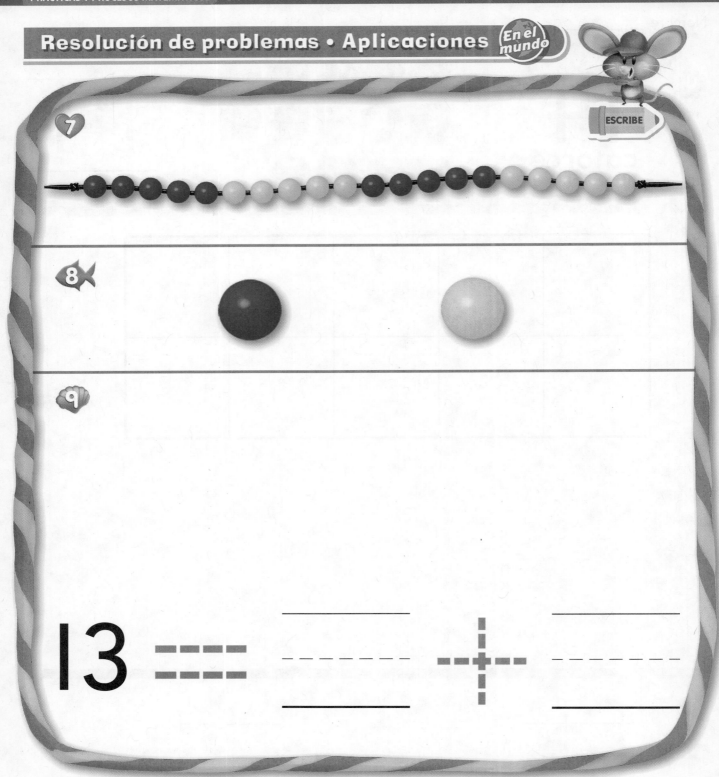

7

8

9

$$13 \equiv \underline{\quad} + \underline{\quad}$$

INSTRUCCIONES **7.** Erika hace una pulsera con 13 cuentas. Ella empieza por la cuenta azul de la izquierda. Encierra en un círculo las cuentas que Erika usa para hacer su pulsera. **8.** Entre esas 13 cuentas, ¿hay más cuentas azules o amarillas? Encierra en un círculo la cuenta del color que haya más. **9.** Dibuja un conjunto de 13 objetos. Si encierras en un círculo 10 de esos objetos, ¿cuántos objetos más hay? Completa el enunciado de suma para relacionar.

ACTIVIDAD PARA LA CASA • Dibuje un cuadro de diez en una hoja. Pida a su niño que use objetos pequeños, como botones, monedas de 1¢ o frijoles secos para mostrar los números 13 y 14.

Hacer un modelo y contar 13 y 14

Objetivo de aprendizaje Usarás objetos para mostrar 13 y 14 como diez unidades y unas unidades más.

 1

 **14**
catorce

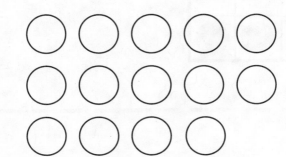

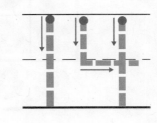

2

3

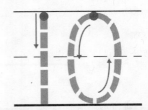 _____

- - - - - - -

unidades y _____ **unidades**

INSTRUCCIONES 1. Cuenta y di cuántas fichas hay. Traza el número. **2.** Usa fichas para mostrar el número 14. Dibuja las fichas. **3.** Observa las fichas que dibujaste. ¿Cuántas unidades hay en el cuadro de diez? Traza el número. ¿Cuántas unidades más hay? Escribe el número.

Capítulo 7

Repaso de la lección

 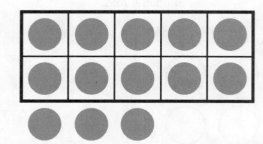

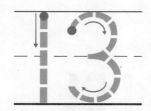

Repaso en espiral

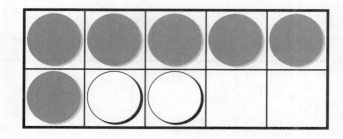

INSTRUCCIONES **1.** Cuenta y di cuántas fichas hay. Traza el número.
2. Muestra los conjuntos que se juntan. Escribe los números y traza el signo.
3. Traza y escribe para mostrar el enunciado de resta.

PRACTICA MÁS CON EL
Entrenador personal
en matemáticas

Nombre _____

Contar y escribir 13 y 14

Pregunta esencial ¿Cómo cuentas y escribes 13 y 14 con palabras y números?

Objetivo de aprendizaje Contarás objetos y escribirás 13 y 14 en palabras y con números enteros.

Escucha y dibuja

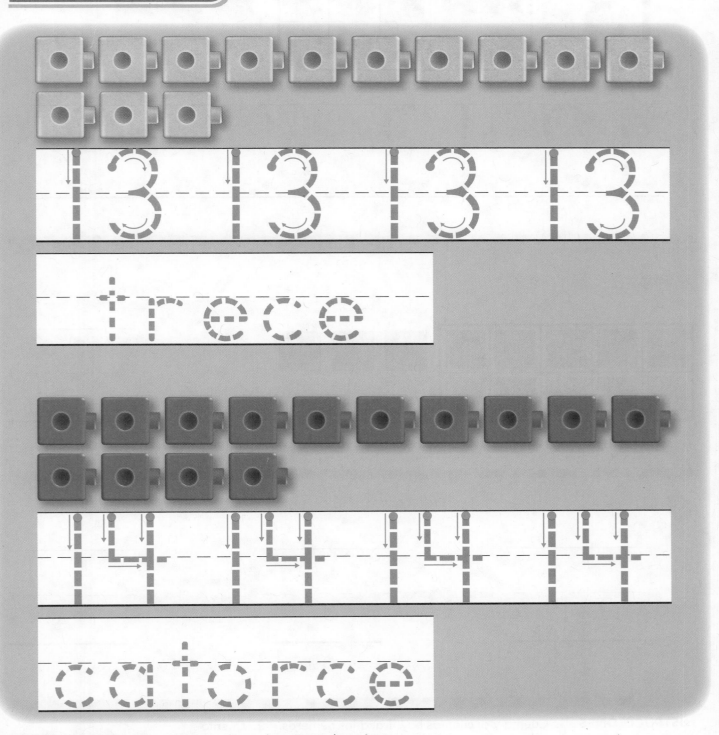

INSTRUCCIONES Cuenta y di cuántos hay. Traza los números y las palabras.

1

13
trece

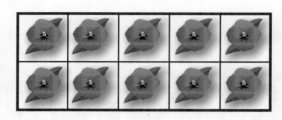

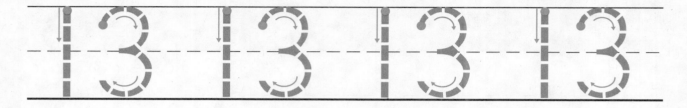

2 ✓

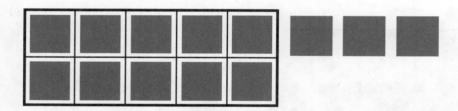

_____

- - - - - - - - - - -

_____

3

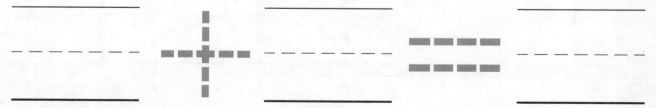

INSTRUCCIONES 1. Cuenta y di cuántas hay. Traza los números. **2.** Cuenta y di cuántos hay. Escribe el número. **3.** Observa las diez unidades y algunas unidades más en el Ejercicio 2. Completa el enunciado de suma para relacionar.

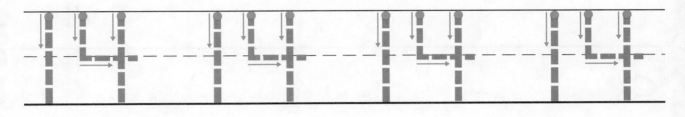

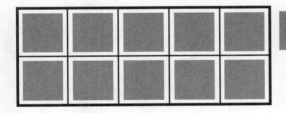

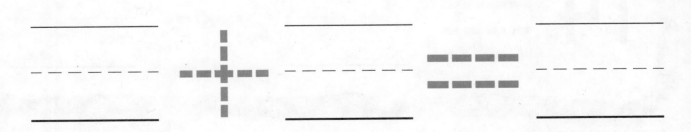

INSTRUCCIONES 4. Cuenta y di cuántas hay. Traza los números. **5.** Cuenta y di cuántos hay. Escribe el número. **6.** Observa las diez unidades y unas unidades más en el Ejercicio 5. Completa el enunciado de suma para relacionar.

Resolución de problemas • Aplicaciones

7

12

13

14

8

14 = _ _ _ + _ _ _

INSTRUCCIONES 7. Eva recogió 13 flores. Encierra en un círculo el número de flores que recogió Eva. Dibuja las flores que faltan para mostrar ese número. **8.** Dibuja un conjunto de 14 objetos. Si encierras en un círculo 10 de esos objetos, ¿cuántos objetos más hay? Completa el enunciado de suma para relacionar.

 ACTIVIDAD PARA LA CASA • Pida a su niño que cuente y escriba el número para un conjunto de 13 o 14 objetos, como monedas o botones.

Contar y escribir 13 y 14

Objetivo de aprendizaje Contarás objetos y escribirás 13 y 14 en palabras y con números enteros.

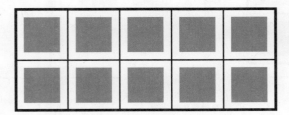 

_ _ _ _ _ _ _ _

_____

_____ + _ _ _ _ _ = _ _ _ _ _

_____

_ _ _ _ _ _ _ _

_____

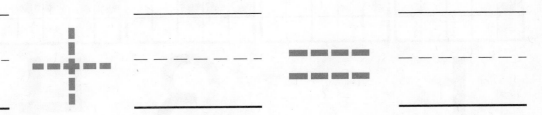

_____ + _ _ _ _ _ = _ _ _ _ _

_____

INSTRUCCIONES   1. Cuenta y di cuántas fichas cuadradas hay. Escribe el número.   **2.** Observa las diez unidades y algunas unidades más del Ejercicio I. Completa el enunciado de suma para relacionar.   **3.** Cuenta y di cuántas fichas cuadradas hay. Escribe el número.   **4.** Observa las diez unidades y algunas unidades más del Ejercicio 3. Completa el enunciado de suma para relacionar.

Repaso de la lección

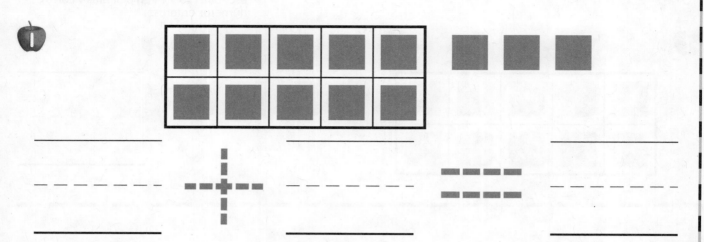

Repaso en espiral

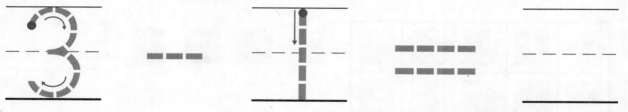

INSTRUCCIONES **1.** Observa las diez unidades y otras unidades más. Completa el enunciado de suma para relacionar. **2.** Di un problema de resta sobre los gatos. Escribe y traza para completar el enunciado de resta. **3.** Cuenta los puntos en los cuadros de diez. Empieza con 1. Escribe los números en orden mientras cuentas hacia adelante.

384 trescientos ochenta y cuatro

PRACTICA MÁS CON EL
Entrenador personal
en matemáticas

Hacer un modelo, contar y escribir 15

Pregunta esencial ¿Cómo muestras con objetos que el 15 es diez unidades y algunas unidades más y cómo muestras el 15 como un número?

MANOS A LA OBRA
Lección 7.5

Objetivo de aprendizaje Usarás objetos para mostrar 15 como diez unidades y unas unidades más.

Escucha y dibuja

INSTRUCCIONES Muestra el número 15 con fichas. Dibuja las fichas. Cuéntale a un amigo sobre las fichas.

Capítulo 7 • Lección 5

trescientos ochenta y cinco **385**

1

15
quince

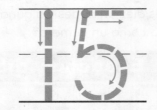

2 ✓

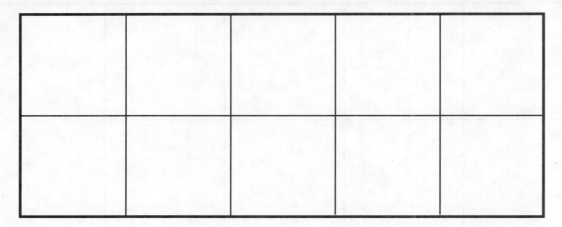

3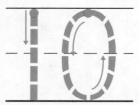

_____ **unidades y** _____ **unidades**

INSTRUCCIONES **1.** Cuenta y di cuántos hay. Traza el número. **2.** Muestra el número 15 con fichas. Dibuja las fichas. **3.** Observa las fichas que dibujaste. ¿Cuántas unidades hay en el cuadro de diez? Traza el número. ¿Cuántas unidades más hay? Escribe el número.

Nombre _____

15
quince

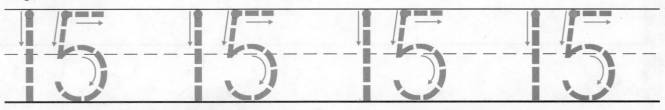

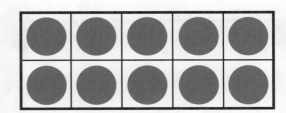 

_____

- - - - - - - - - - -

_____

_ _ _ _ _ _   ╋   _ _ _ _ _ _   ═══   _ _ _ _ _ _
_____   _____   _____

INSTRUCCIONES 4. Cuenta y di cuántas hay. Traza los números.
5. Cuenta y di cuántas hay. Escribe el número. 6. Observa las diez
unidades con algunas unidades más en el Ejercicio 5. Completa el
enunciado de suma para relacionar.

© Houghton Mifflin Harcourt Publishing Company

Capítulo 7 • Lección 5

Resolución de problemas • Aplicaciones En el mundo

7

8

9

$15 = \underline{\hspace{3cm}} \underline{\hspace{2cm}} + \underline{\hspace{2cm}}$

INSTRUCCIONES **7.** Martha hace un collar con 15 cuentas. Ella empieza por la cuenta azul de la izquierda. Encierra en un círculo las cuentas que Martha usa para hacer su collar. **8.** Entre esas 15 cuentas, ¿hay más cuentas azules o amarillas? Encierra en un círculo la cuenta del color que haya más. **9.** Dibuja un conjunto de 15 objetos. Si encierras en un círculo 10 de esos objetos, ¿cuántos objetos más hay? Completa el enunciado de suma para relacionar.

ACTIVIDAD PARA LA CASA • Pida a su niño que use dos tipos de objetos para mostrar todas las maneras en que puede formar 15, como 8 monedas y 7 botones.

388 trescientos ochenta y ocho

Hacer un modelo, contar y escribir 15

Objetivo de aprendizaje Usarás objetos para mostrar 15 como diez unidades y unas unidades más.

 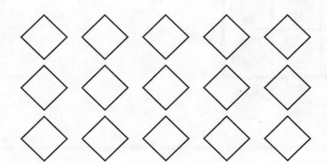

15
quince

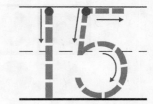

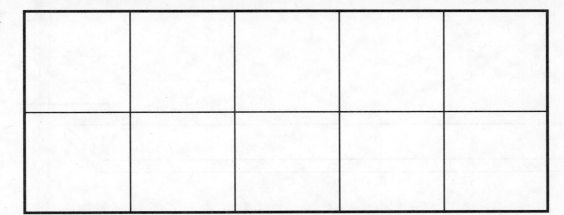

 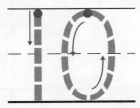 **unidades y** _____ **unidades**

INSTRUCCIONES 1. Cuenta y di cuántas figuras hay. Traza el número. **2.** Usa fichas para mostrar el número 15. Dibuja las fichas. **3.** Observa las fichas que dibujaste. ¿Cuántas unidades hay en el cuadro de diez? Traza el número. ¿Cuántas unidades más hay? Escribe el número.

Capítulo 7

Repaso de la lección

①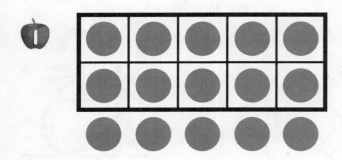

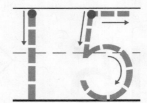

Repaso en espiral

②
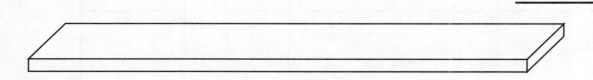

③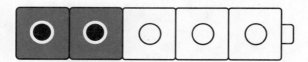

INSTRUCCIONES **1.** Cuenta y di cuántas fichas hay. Traza el número.
2. Haz un dibujo para resolver este problema. El número de platos en la
repisa es dos menos que 8. ¿Cuántos platos hay en la repisa? Dibuja los platos.
Escribe el número. **3.** Completa el enunciado de suma para mostrar los
números que se relacionan con el tren de cubos.

PRACTICA MÁS CON EL
Entrenador personal
en matemáticas

Nombre _____

Resolución de problemas • Usar los números hasta el 15

Pregunta esencial ¿Cómo resuelves problemas con la estrategia *haz un dibujo*?

Objetivo de aprendizaje Usarás la estrategia de *hacer un dibujo* como ayuda para resolver problemas sobre números hasta el 15.

Soluciona el problema En el mundo

_____
_ _ _ _ _ _ _
_____ sillas

INSTRUCCIONES Hay 14 niños sentados en sillas. Hay una silla sin ningún niño sentado. ¿Cuántas sillas hay? Dibuja para mostrar cómo resolviste el problema.

Capítulo 7 • Lección 6

1

_____

_____ abejas más

INSTRUCCIONES 1. Hay 15 flores. Diez flores tienen 1 abeja cada una. ¿Cuántas abejas más necesitarías para tener una abeja en cada flor? Dibuja para resolver el problema. Escribe cuántas abejas más.

Comparte y muestra

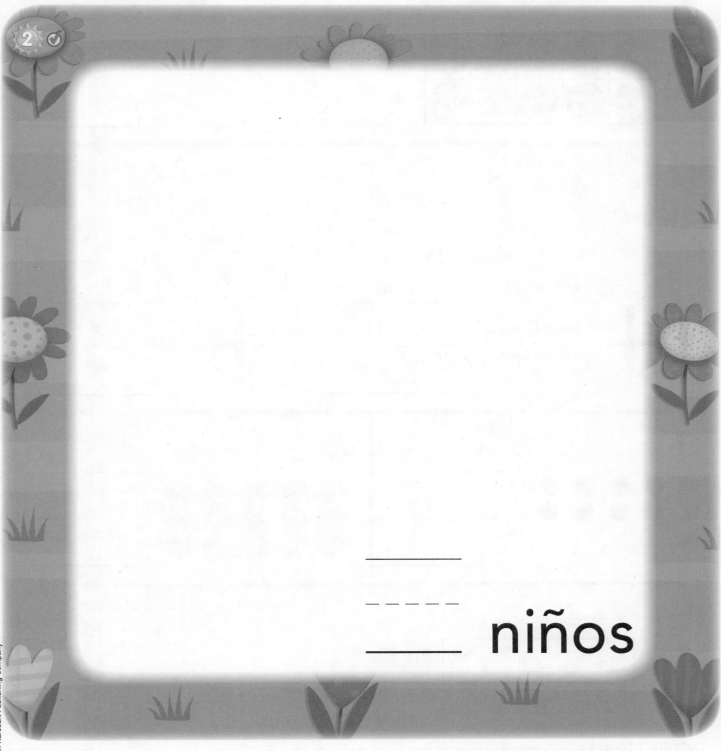

_____

_ _ _ _ _

____ niños

INSTRUCCIONES   2. En la clase de la maestra Sully hay 15 niños. Están sentados en hileras de 5. En cada hilera hay 3 niños y 2 niñas. ¿Cuántos niños hay en la clase? Dibuja para resolver el problema.

ACTIVIDAD PARA LA CASA • Dibuje un cuadro de diez en una hoja. Pida a su niño que use objetos pequeños, como botones, monedas de 1¢ o frijoles secos, para mostrar el número 15.

✓ Revisión de la mitad del capítulo

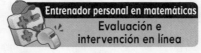
Entrenador personal en matemáticas
Evaluación e
intervención en línea

1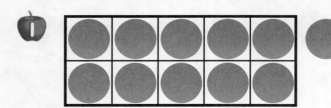

_____

- - - - - - - - - - -

_____

2

14 = = = _____   ➕ _____

- - -   - - - - - - - -   - - - - - - - - -

- - -   _____   _____

3

_____

- - - - - - - - -

_____

4

_____

- - - - - - - - -

_____

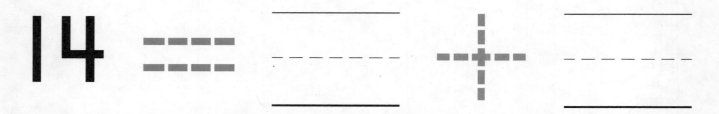

5 PIENSA MÁS

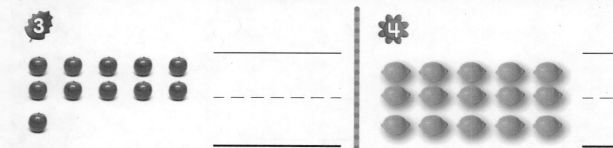

_____

- - - - - - - - - -

_____

INSTRUCCIONES **1.** Cuenta y di cuántas hay. Escribe el número. **2.** Dibuja
un conjunto de 14 objetos. Si encierras en un círculo 10 objetos, ¿cuántos objetos
más hay? Completa el enunciado de suma para relacionar. **3–4.** Cuenta y
di cuántas hay. Escribe el número. **5.** Marca el número que muestre cuántas
flores hay.

Resolución de problemas • Usar los números hasta el 15

_____

- - - - - - - - - -

_____ **plantas de zanahoria**

INSTRUCCIONES En la huerta hay 15 plantas. Están plantadas en hileras de 5. En cada hilera hay 2 plantas de zanahoria y 3 plantas de papa. ¿Cuántas plantas de zanahoria hay en la huerta? Dibuja para resolver el problema.

Repaso de la lección

_____

- - - - - -

_____ **gorras**

Repaso en espiral

© Houghton Mifflin Harcourt Publishing Company

INSTRUCCIONES **I.** Hay 15 niños. Diez usan I gorra cada uno. ¿Cuántas gorras más necesitas para que todos los niños tengan su gorra? Haz un dibujo para resolver el problema. Escribe cuántas gorras más se necesitan. **2.** Traza y escribe para mostrar el enunciado de resta para los pingüinos. **3.** Observa el tren de cubos. ¿Cuántos cubos blancos se agregan a los cubos grises para formar 10? Escribe y traza para mostrar esto como un enunciado de suma.

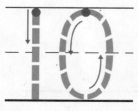
PRACTICA MÁS CON EL
Entrenador personal
en matemáticas

Nombre _____

Hacer un modelo y contar 16 y 17

Pregunta esencial ¿Cómo muestras con objetos que el 16 y el 17 son diez unidades con unas unidades más?

Objetivo de aprendizaje Usarás objetos para mostrar 16 y 17 como diez unidades y unas unidades más.

Escucha y dibuja

INSTRUCCIONES Usa las fichas para mostrar el número 16. Agrega más para mostrar el número 17. Dibuja las fichas. Cuéntale a un amigo lo que sabes acerca de estos números.

Capítulo 7 • Lección 7

16
dieciséis

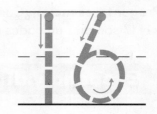

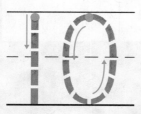 _____ unidades y _____ unidades

INSTRUCCIONES 1. Cuenta y di cuántos hay. Traza el número. 2. Pon fichas en los cuadros de diez para mostrar el número 16. Dibuja las fichas. 3. Observa las fichas que dibujaste en los cuadros de diez. ¿Cuántas unidades hay en el cuadro de diez de arriba? Traza el número. ¿Cuántas unidades hay en el cuadro de diez de abajo? Escribe el número.

398 trescientos noventa y ocho

17
diecisiete

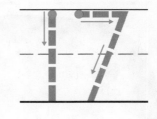

5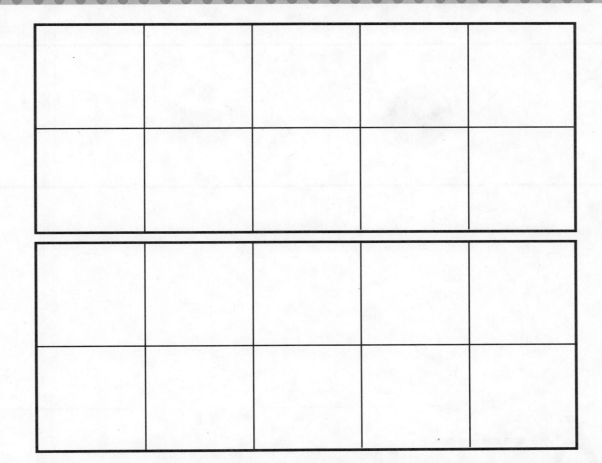

6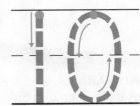

_____ **unidades y** _____ **unidades**

INSTRUCCIONES 4. Cuenta y di cuántas hay. Traza el número. **5.** Pon fichas en los cuadros de diez para mostrar el número 17. Dibuja las fichas. **6.** Observa las fichas que dibujaste en los cuadros de diez. ¿Cuántas unidades hay en el cuadro de diez de arriba? Traza el número. ¿Cuántas unidades hay en el cuadro de diez de abajo? Escribe el número.

Resolución de problemas • Aplicaciones En el mundo

7

8

9

$$16 = = = \underline{\quad\quad} \;\; \underline{- - -} + \underline{- - -}$$

INSTRUCCIONES 7. Chloe hace un collar con 16 cuentas. Ella empieza por la cuenta azul de la izquierda. Encierra en un círculo las cuentas que Chloe usa para hacer su collar. **8.** Entre esas 16 cuentas, ¿hay más cuentas azules o amarillas? Encierra en un círculo la cuenta del color que haya más. **9.** Dibuja un conjunto de 16 objetos. Si encierras en un círculo 10 de esos objetos, ¿cuántos objetos más hay? Completa el enunciado de suma para relacionar.

ACTIVIDAD PARA LA CASA • Dibuje dos cuadros de diez en una hoja. Pida a su niño que use objetos pequeños, como botones, monedas de 1¢ o frijoles secos, para mostrar los números 16 y 17.

Hacer un modelo y contar 16 y 17

Objetivo de aprendizaje Usarás objetos para mostrar 16 y 17 como diez unidades y unas unidades más.

17
diecisiete

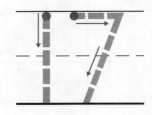

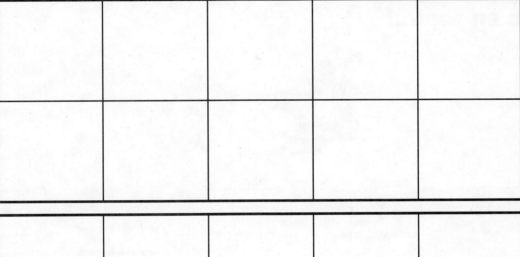

 _____ unidades y _____ unidades

INSTRUCCIONES **1.** Cuenta y di cuántas figuras hay. Traza el número. **2.** Pon fichas en los cuadros de diez para mostrar el número 17. Dibuja las fichas. **3.** Observa las fichas que dibujaste en los cuadros de diez. ¿Cuántas unidades hay en el cuadro de diez de arriba? Traza el número. ¿Cuántas unidades hay en el cuadro de diez de abajo? Escribe el número.

Repaso de la lección

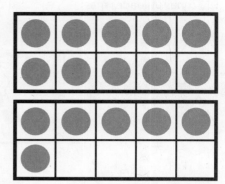

Repaso en espiral

   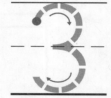

5

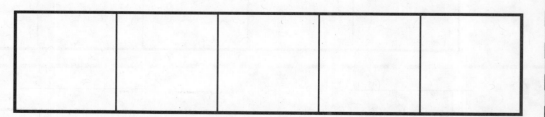

INSTRUCCIONES **1.** Cuenta y di cuántas fichas hay. Traza el número.
2. Plantea un problema de suma sobre los cachorros. Escribe y traza para completar el enunciado de suma. **3.** ¿Cuántas fichas pondrías en el cuadro de cinco para mostrar el número? Dibuja las fichas.

PRACTICA MÁS CON EL
Entrenador personal
en matemáticas

Nombre _____

Contar y escribir 16 y 17

Pregunta esencial ¿Cómo cuentas y escribes
16 y 17 con palabras y números?

Objetivo de aprendizaje Contarás objetos y
escribirás 16 y 17 en palabras y con
números enteros.

Escucha y dibuja

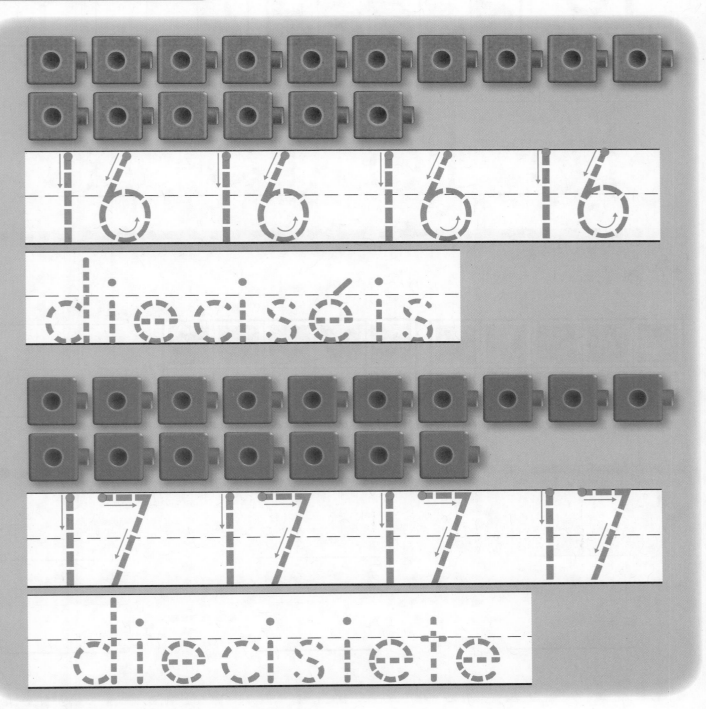

INSTRUCCIONES Cuenta y di cuántos hay. Traza los
números y las palabras.

Capítulo 7 • Lección 8

1

16
dieciséis

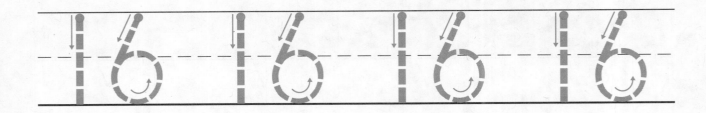

2 ✓

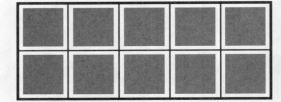 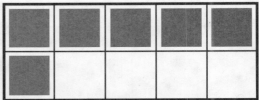

3

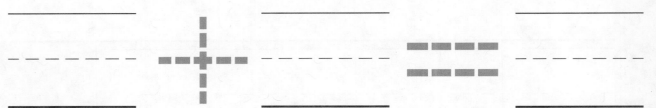

© Houghton Mifflin Harcourt Publishing Company

INSTRUCCIONES **1.** Cuenta y di cuántas hay. Traza los números. **2.** Cuenta y di cuántos hay. Escribe el número. **3.** Observa los cuadros de diez en el Ejercicio 2. Completa el enunciado de suma para relacionar.

17
diecisiete

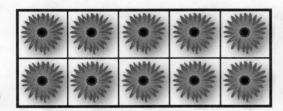 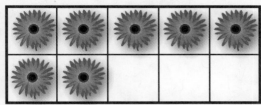

5

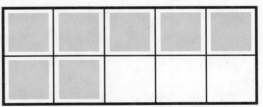

6

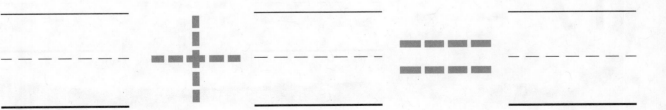

INSTRUCCIONES **4.** Cuenta y di cuántas hay. Traza los números. **5.** Cuenta y di cuántos hay. Escribe el número. **6.** Observa los cuadros de diez del Ejercicio 5. Completa el enunciado de suma para relacionar.

Resolución de problemas • Aplicaciones En el mundo

7

17

18

19

8

17 === ____ ____ + ____

INSTRUCCIONES **7.** Emily recogió 10 flores. Luego recogió 7 flores más. Encierra en un círculo el número de flores que recogió Emily. Dibuja las flores que faltan para mostrar ese número. Explica cómo lo sabes. **8.** Dibuja un conjunto de 17 objetos. Si encierras en un círculo 10 de esos objetos, ¿cuántos objetos más hay? Completa el enunciado de suma para relacionar.

ACTIVIDAD PARA LA CASA • Pida a su niño que cuente y escriba el número para un conjunto de 16 o 17 objetos, como monedas o botones.

Nombre _____

Contar y escribir 16 y 17

Objetivo de aprendizaje Contarás objetos
y escribirás 16 y 17 en palabras y con
números enteros.

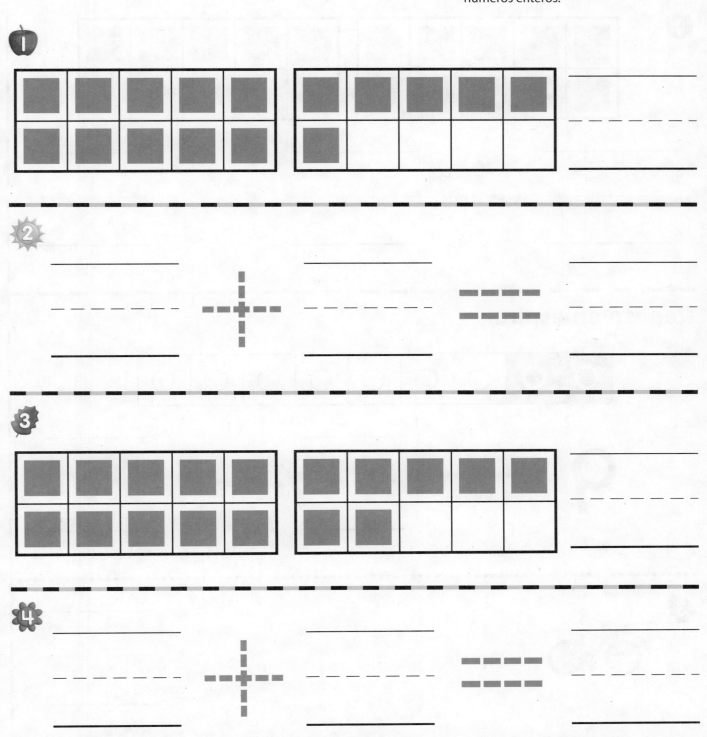

INSTRUCCIONES **1.** Cuenta y di cuántas hay. Escribe el número. **2.** Observa los cuadros de diez del Ejercicio 1. Completa el enunciado de suma para relacionar. **3.** Cuenta y di cuántas hay. Escribe el número. **4.** Observa los cuadros de diez del Ejercicio 3. Completa el enunciado de suma para relacionar.

Repaso de la lección

 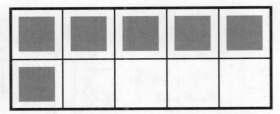

_____ _____ _____

$+$ _ _ _ _ _ $=$ _____

Repaso en espiral

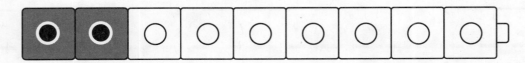

  $=$ _____ $+$ _____

_____

_ _ _ _ _ _

_____

INSTRUCCIONES **I.** Observa los cuadros de diez. Completa el enunciado de suma para relacionar. **2.** Completa el enunciado de suma para mostrar los números que se emparejan con el tren de cubos. **3.** ¿Cuántas bicicletas hay? Escribe el número.

PRACTICA MÁS CON EL
Entrenador personal
en matemáticas

Nombre _____

Hacer un modelo y contar 18 y 19

Pregunta esencial ¿Cómo muestras con objetos que el 18 y el 19 son diez unidades con unas unidades más?

Objetivo de aprendizaje Usarás objetos para mostrar 18 y 19 como diez unidades y unas unidades más.

Escucha y dibuja

INSTRUCCIONES Muestra el número 18 con fichas. Suma más para mostrar el número 19. Dibuja las fichas. Cuéntale a un amigo lo que sabes acerca de estos números.

18
dieciocho

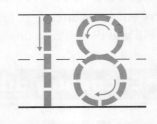

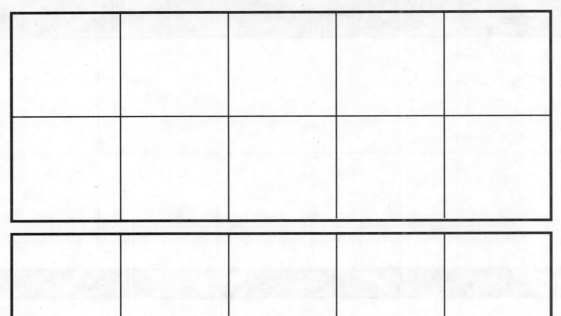

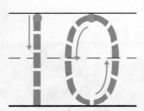   _____

- - - - - - -

unidades y _____ **unidades**

INSTRUCCIONES **1.** Cuenta y di cuántas hay. Traza el número. **2.** Pon fichas en los cuadros de diez para mostrar el número 18. Dibuja las fichas. **3.** Observa las fichas que dibujaste en los cuadros de diez. ¿Cuántas unidades hay en el cuadro de diez de arriba? Traza el número. ¿Cuántas unidades hay en el cuadro de diez de abajo? Escribe el número.

4
19
diecinueve

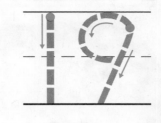

5

6

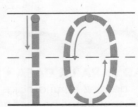

_____ unidades y _____ unidades

INSTRUCCIONES **4.** Cuenta y di cuántas hay. Traza el número. **5.** Pon fichas en los cuadros de diez para mostrar el número 19. Dibuja las fichas. **6.** Observa las fichas que dibujaste. ¿Cuántas unidades hay en el cuadro de diez de arriba? Traza el número. ¿Cuántas unidades más hay en el cuadro de diez de abajo? Escribe el número.

Resolución de problemas · Aplicaciones En el mundo

7

8

9

$$18 === \text{\_\_\_\_} + \text{\_\_\_\_}$$

INSTRUCCIONES   7. Kaylyn hace un collar con 18 cuentas. Ella empieza por la cuenta azul de la izquierda. Encierra en un círculo las cuentas que Kaylyn usa para hacer su collar.   **8.** En esas 18 cuentas, ¿hay más cuentas azules o amarillas? Encierra en un círculo la cuenta del color que haya más.   **9.** Dibuja un conjunto de 18 objetos. Si encierras en un círculo 10 de esos objetos, ¿cuántos objetos más hay? Completa el enunciado de suma para relacionar.

ACTIVIDAD PARA LA CASA · Dibuje dos cuadros de diez en una hoja. Pida a su niño que use objetos pequeños, como botones, monedas de 1¢ o frijoles secos, para hacer el modelo de los números 18 y 19.

Hacer un modelo y contar 18 y 19

Objetivo de aprendizaje Usarás objetos para mostrar 18 y 19 como diez unidades y unas unidades más.

1

19
diecinueve

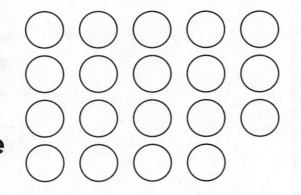

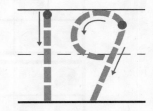

2

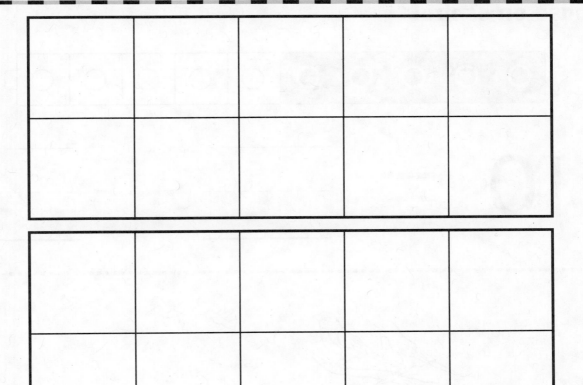

3

 unidades y _____ unidades

---

INSTRUCCIONES 1. Cuenta y di cuántas fichas hay. Traza el número. **2.** Pon fichas en el cuadro de diez para mostrar el número 19. Dibuja las fichas. **3.** Observa las fichas que dibujaste en los cuadros de diez. ¿Cuántas unidades hay en el cuadro de diez de arriba? Traza el número. ¿Cuántas unidades hay en el cuadro de diez de abajo? Escribe los números.

Capítulo 7

Repaso de la lección

1

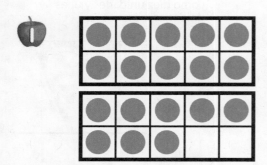

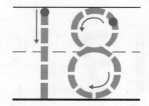

Repaso en espiral

2

$$10 = \text{\_\_\_\_} + \text{\_\_\_\_}$$

3

4 quita 2

_____

_ _ _ _ _

_____

INSTRUCCIONES **I.** Cuenta y di cuántas fichas hay. Traza el número. **2.** Completa el enunciado de suma para mostrar los números que se relacionan con el tren de cubos. **3.** Cuenta un problema de resta sobre las aves. Escribe el número que muestre cuántas aves quedan.

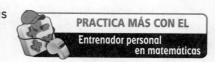

PRACTICA MÁS CON EL
Entrenador personal
en matemáticas

Nombre _____

Contar y escribir 18 y 19

Pregunta esencial ¿Cómo cuentas y escribes 18 y 19 con palabras y números?

Objetivo de aprendizaje Contarás objetos y escribirás 18 y 19 en palabras y con números enteros.

Escucha y dibuja

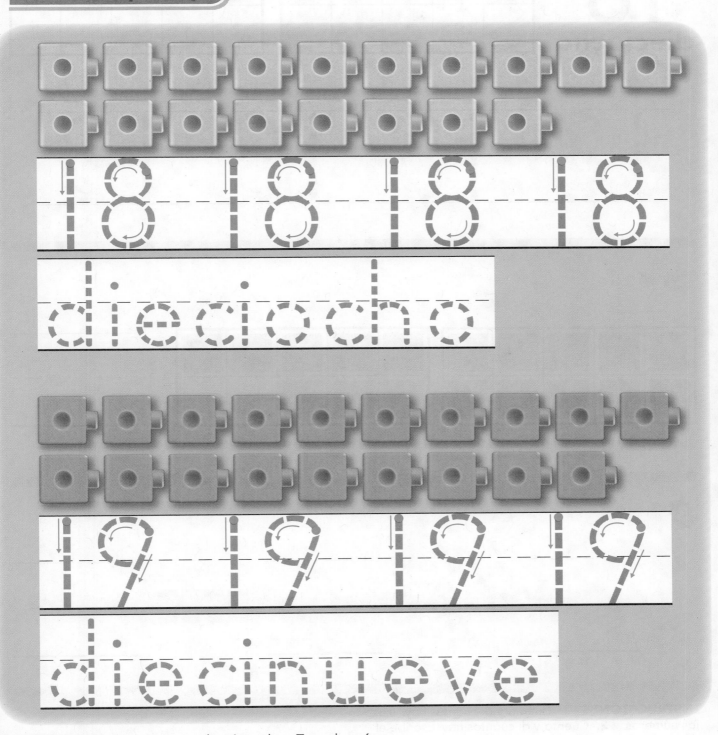

INSTRUCCIONES Cuenta y di cuántos hay. Traza los números y las palabras.

1

2 ✓

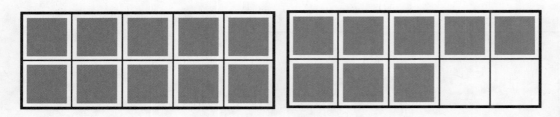

3

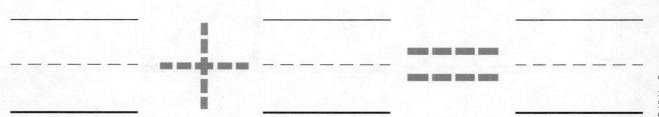

INSTRUCCIONES 1. Cuenta y di cuántas hay. Traza los números. **2.** Cuenta y di cuántos hay. Escribe el número. **3.** Observa los cuadros de diez del Ejercicio 2. Completa el enunciado de suma para relacionar.

19
diecinueve

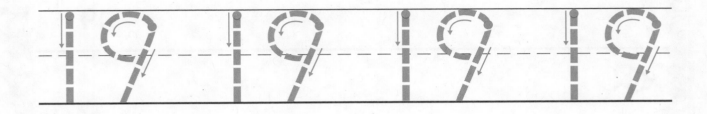

5

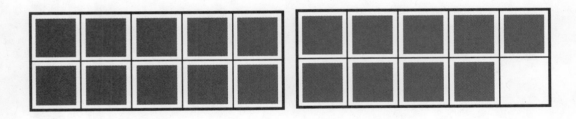

_____

- - - - - - - - - - -

6

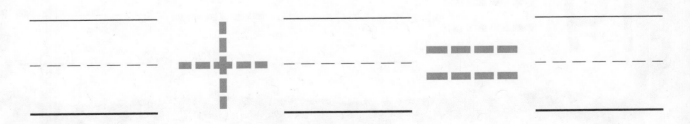

INSTRUCCIONES 4. Cuenta y di cuántas hay. Traza los números. **5.** Cuenta y di cuántos hay. Escribe el número. **6.** Observa los cuadros de diez del Ejercicio 5. Completa el enunciado de suma para relacionar.

Resolución de problemas • Aplicaciones En el mundo

7

17

18

19

8

$$19 == \underline{\quad\quad} + \underline{\quad\quad}$$

INSTRUCCIONES   7. Grace recogió un número de flores que es 1 más que 17. Encierra en un círculo el número de flores que recogió Grace. Dibuja las flores que faltan para mostrar ese número.   **8.** Dibuja un conjunto de 19 objetos. Si encierras en un círculo 10 de esos objetos, ¿cuántos objetos más hay? Completa el enunciado de suma para relacionar.

ACTIVIDAD PARA LA CASA • Pida a su niño que cuente y escriba el número para un conjunto de 18 o 19 objetos, como monedas o botones.

418 cuatrocientos dieciocho

Contar y escribir 18 y 19

Objetivo de Aprendizaje Contarás objetos
y escribirás 18 y 19 en palabras y con
números enteros.

1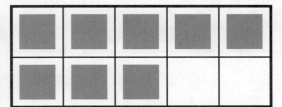

2 _____ _____ _____

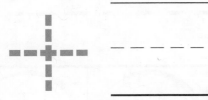 

3

4 _____ _____ _____

INSTRUCCIONES **I.** Cuenta y di cuántas hay. Escribe el número. **2.** Observa los cuadros de
diez del Ejercicio I. Completa el enunciado de suma para relacionar. **3.** Cuenta y di cuántas
hay. Escribe el número. **4.** Observa los cuadros de diez del Ejercicio 3. Completa el enunciado
de suma para relacionar.

Repaso de la lección

1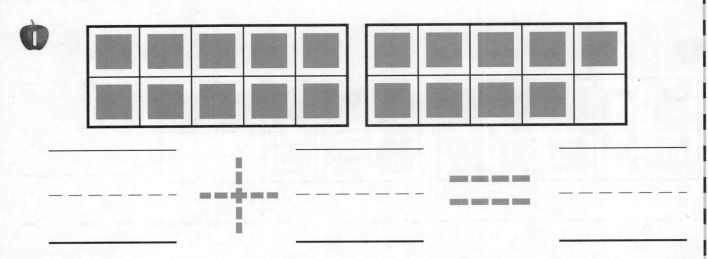

_____   _____   _____

_____ ✚ _____ ═══ _____

Repaso en espiral

2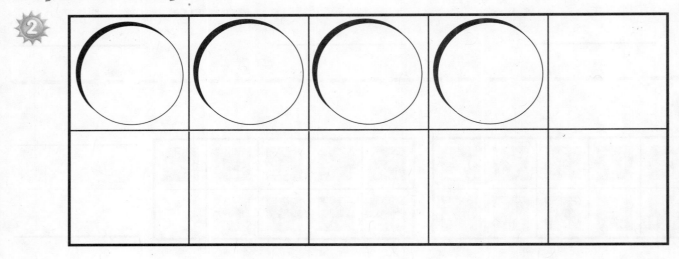

3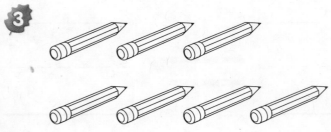

_____

_ _ _ _ _ _ _ _ _ _

_____

INSTRUCCIONES **I.** Observa los cuadros de diez. Completa el enunciado de suma para relacionar. **2.** ¿Cuántas fichas más pondrías para representar una manera de formar 8? Dibuja las fichas. **3.** ¿Cuántos lápices hay? Escribe el número.

420 cuatrocientos veinte

PRACTICA MÁS CON EL
Entrenador personal
en matemáticas

✓ Repaso y prueba del Capítulo 7

1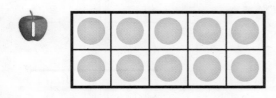

_____

- - - - - - - - - -

_____

2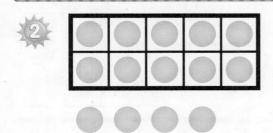

_____

- - - - - - - - - -

_____

3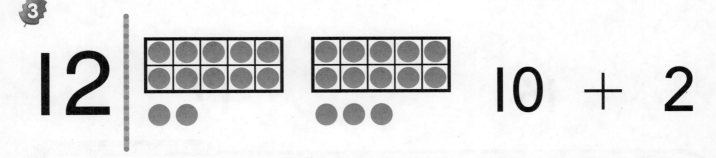

$$12 \quad \boxed{} \quad \boxed{} \quad 10 + 2$$

4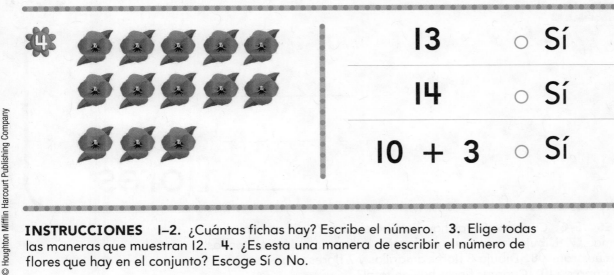

13	○ Sí	○ No
14	○ Sí	○ No
10 + 3	○ Sí	○ No

INSTRUCCIONES 1–2. ¿Cuántas fichas hay? Escribe el número. **3.** Elige todas las maneras que muestran 12. **4.** ¿Es esta una manera de escribir el número de flores que hay en el conjunto? Escoge Sí o No.

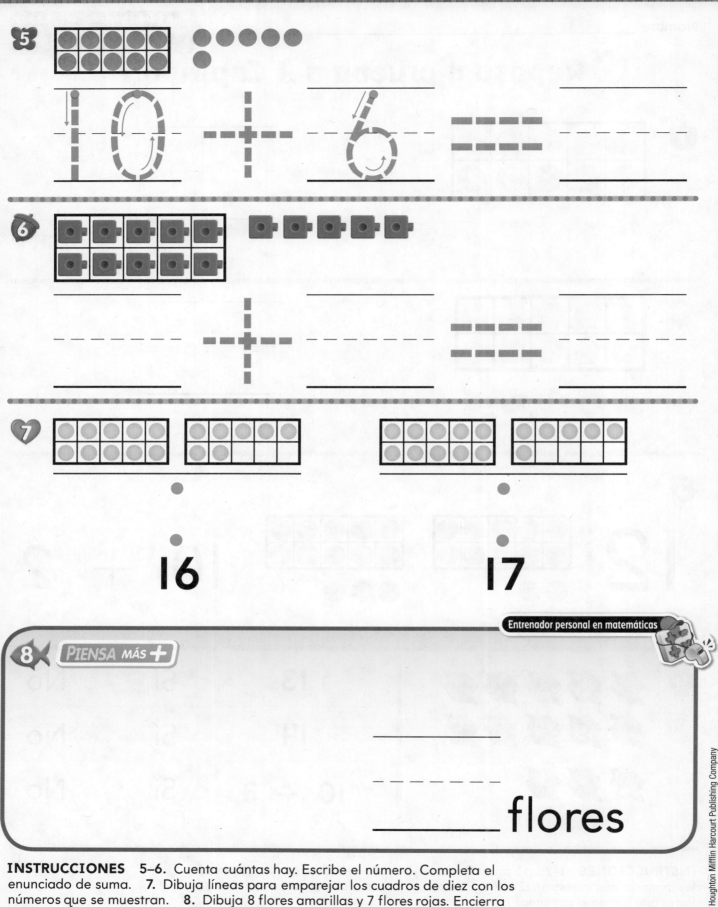

5

$$10 + 6 = \text{\_\_\_}$$

6

$$\text{\_\_\_} + \text{\_\_\_} = \text{\_\_\_}$$

7

16

17

8 PIENSA MÁS +

Entrenador personal en matemáticas

_____

_____ flores

INSTRUCCIONES **5–6.** Cuenta cuántas hay. Escribe el número. Completa el enunciado de suma. **7.** Dibuja líneas para emparejar los cuadros de diez con los números que se muestran. **8.** Dibuja 8 flores amarillas y 7 flores rojas. Encierra en un círculo un grupo de 10. ¿Cuántas flores hay en total?

9

10 unidades y
$\begin{array}{c} 8 \\ 9 \end{array}$
unidades

10

_____ _____ _____

$+$ $=$

_____ _____ _____

11 PIENSA MÁS +

_____ _____

$10 +$ $=$

_____ _____

INSTRUCCIONES **9.** ¿Cuántas unidades más se necesitan para mostrar el número de duraznos? Encierra el número en un círculo. **10.** Observa los cuadros de diez. Completa el enunciado de suma. 11. En una mesa hay 10 personas sentadas. Hay dos personas adicionales. ¿Cuántas personas hay en total? Dibuja la mesa y las personas. Completa el enunciado de suma.

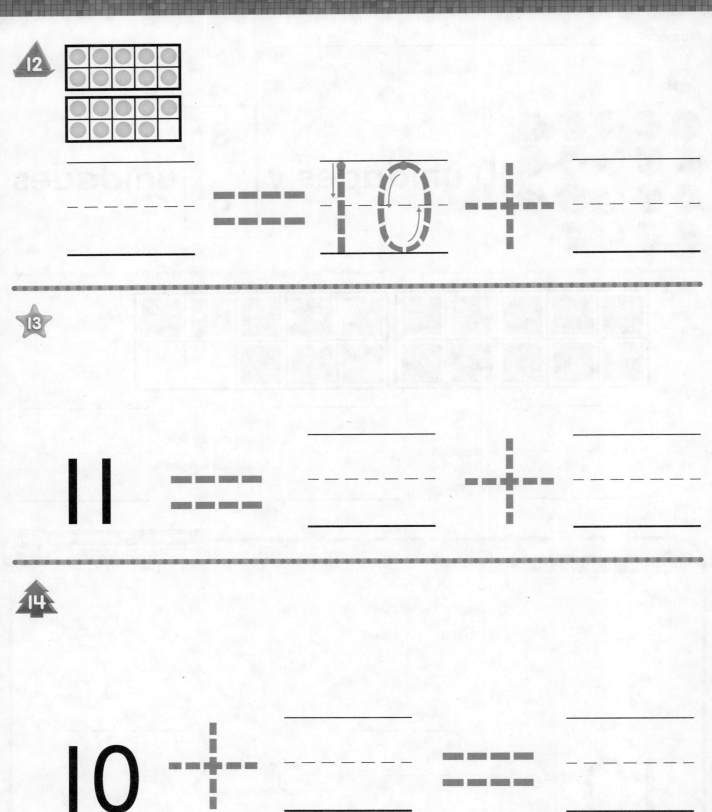

INSTRUCCIONES 12. ¿Qué número muestran los cuadros de diez? Completa el enunciado de suma para mostrar el número. 13. Dibuja un conjunto de 11 objetos. Encierra en un círculo 10 objetos. ¿Cuántos objetos más hay? Completa el enunciado de suma para emparejar. 14. Carrie recogió 14 manzanas. Dibuja las manzanas. Encierra en un círculo un grupo de 10 manzanas. Cuenta las manzanas que quedan. Completa el enunciado de suma.

Representar, contar y escribir del 20 en adelante

Aprendo más con

Jorge el Curioso

La sandía es en realidad
un vegetal, no una fruta.

- ¿Cuántas semillas
puedes contar en
esta sandía?

 **Muestra lo que sabes**

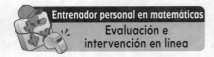 Entrenador personal en matemáticas
Evaluación e
intervención en línea

Explora números hasta el 10

Compara números hasta el 10

 _____    _____

Escribe números hasta el 10

3 _ _ _ _ _ _   6 _ _ _ _ _ _ 8

Esta página es para comprobar la comprensión de las destrezas importantes que se necesitan para tener éxito con el Capítulo 8.

INSTRUCCIONES 1. Encierra en un círculo los conjuntos que muestren 9.
2. Encierra en un círculo los conjuntos que muestren 8.   3. Cuenta
y di cuántos hay. Escribe el número. Encierra en un círculo el número
menor.   4. Escribe los números en orden mientras cuentas hacia adelante.

Nombre _____

dieciocho

quince

INSTRUCCIONES Señala cada nutria mientras cuentas. Señala el nombre del número que muestre cuántas nutrias hay en total. ¿Cuántas usan lentes? Escribe el número.

• **Libro interactivo del estudiante**
• **Glosario multimedia**

¿Quién tiene más?

Jugador 1

Jugador 2

INSTRUCCIONES Juega con un compañero. Cada jugador mezcla un conjunto de tarjetas con números y las pone boca abajo en una pila. Cada jugador da vuelta a la tarjeta de arriba de su pila y representa ese número, poniendo trenes de cubos en el lugar de trabajo. Los compañeros comparan los trenes de cubos. El jugador que tenga el número mayor se queda con las dos tarjetas. Si ambos jugadores tienen lo mismo, cada jugador pone la tarjeta en el fondo de su pila. Gana el jugador que tiene la mayor cantidad de tarjetas al final del juego.

MATERIALES
2 conjuntos de tarjetas con números del 11 al 20, cubos

428 cuatrocientos veintiocho

Vocabulario del Capítulo 7 *(continuación)*

once eleven 63	**quince** fifteen 66
trece thirteen 77	**unidades** ones 80

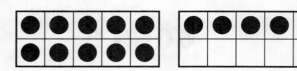

15

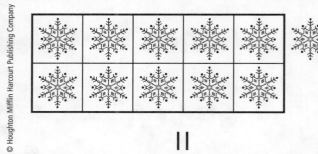

11

3 unidades

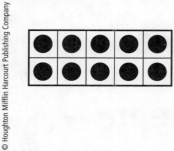

13

Memoria

Recuadro de palabras

decenas
veinte
cincuenta
cien
quince
dieciséis
diecisiete
dieciocho

INSTRUCCIONES Baraja las Tarjetas de palabras. Coloca cada tarjeta boca abajo en cada una de las casillas de arriba. Un jugador voltea dos tarjetas. Si son iguales, el jugador dice lo que sepa de la palabra y se queda con las tarjetas. Si no son iguales, el jugador coloca las tarjetas de nuevo boca abajo. Los jugadores se turnan. Gana el jugador que tenga más pares.

MATERIALES 2 juegos de Tarjetas de palabras

Diario

Escríbelo

INSTRUCCIONES Haz un dibujo que muestre lo que sabes sobre contar de diez en diez.
Reflexiona Prepárate para hablar de tu dibujo.

Hacer un modelo y contar 20

Pregunta esencial ¿Cómo muestras y cuentas 20 objetos?

Objetivo de aprendizaje Mostrarás y contarás 20 objetos.

Escucha y dibuja

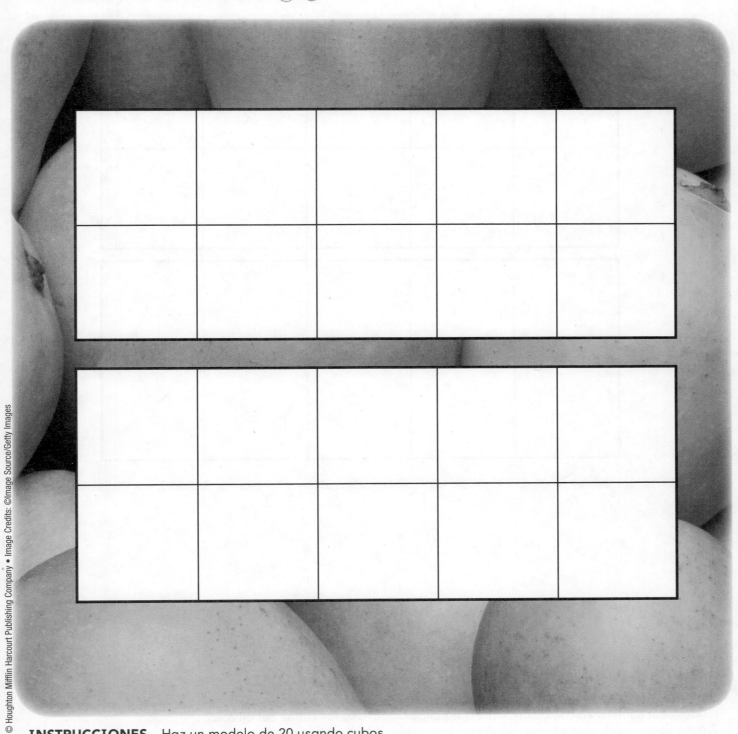

INSTRUCCIONES Haz un modelo de 20 usando cubos. Dibuja los cubos.

Capítulo 8 • Lección 1

20
veinte

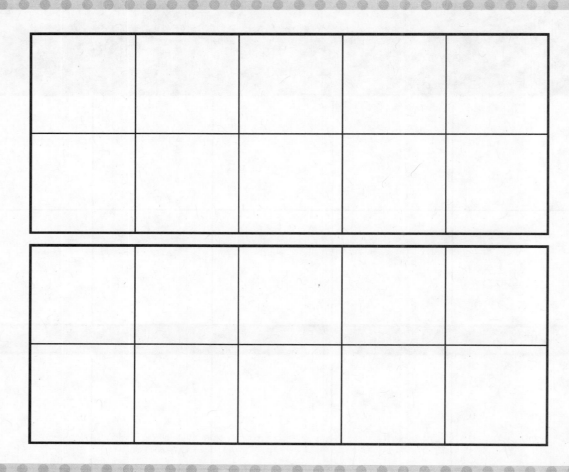

INSTRUCCIONES 1. Cuenta y di cuántas hay. Traza el número. **2.** Haz un modelo del número 20 con cubos. Dibuja los cubos. **3.** Usa los cubos del Ejercicio 2 para hacer modelos de trenes de diez cubos. Dibuja los trenes de cubos.

430 cuatrocientos treinta

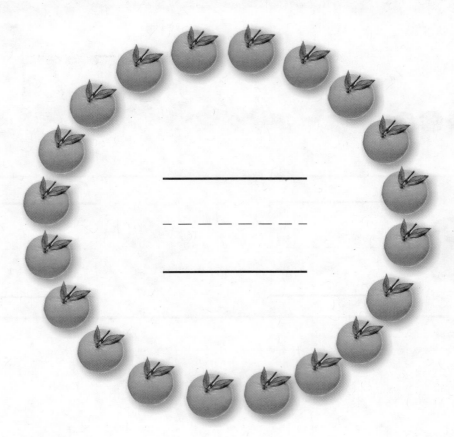

_____

- - - - - - -

_____

5

_____

- - - - - - -

_____

INSTRUCCIONES 4–5. Cuenta y di cuántas frutas hay. Escribe el número. Dile a un amigo cómo contaste las naranjas.

Resolución de problemas · Aplicaciones En el mundo

ESCRIBE

6

7

8

INSTRUCCIONES 6. Lily hace un collar con 20 cuentas. Encierra en un círculo las cuentas que Lily usa para hacer el collar. **7.** ¿Cuántas de cada color encerraste? Escribe los números. Cuéntale a un amigo sobre el número de cada color de cuentas. **8.** Dibuja y escribe para mostrar lo que sabes sobre el 20. Explícale a un amigo tu dibujo.

ACTIVIDAD PARA LA CASA · Dibuje dos cuadros de diez en una hoja. Pida a su niño que muestre el número 20 poniendo objetos pequeños, como botones o frijoles secos, en el cuadro de diez.

Hacer un modelo y contar 20

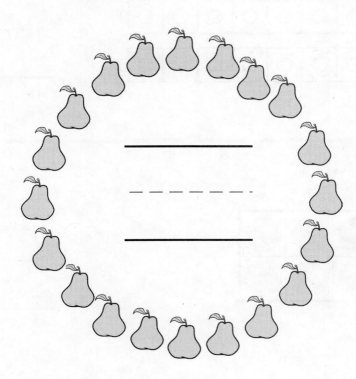

_____

- - - - - - - - -

_____

_____

- - - - - - - - -

_____

INSTRUCCIONES   1-2. Cuenta y di cuántas frutas hay. Escribe el número. Dile a un amigo cómo contaste la fruta.

Repaso de la lección

Repaso en espiral

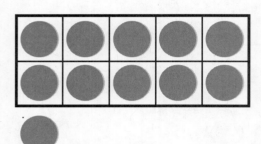

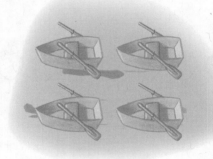

INSTRUCCIONES 1–2. Cuenta y di cuántos hay. Escribe el número.
3. Cuenta un problema de suma acerca de las lanchas. Escribe y traza
para completar el enunciado de suma.

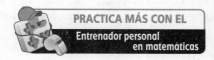

PRACTICA MÁS CON EL
**Entrenador personal
en matemáticas**

Nombre _____

Contar y escribir hasta 20

Pregunta esencial ¿Cómo cuentas y escribes hasta 20 con palabras y números?

Objetivo de aprendizaje Contarás y escribirás hasta 20 en palabras y con números enteros.

Escucha y dibuja

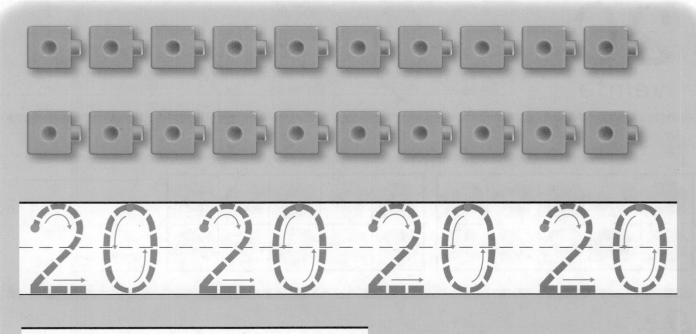

INSTRUCCIONES Cuenta y di cuántos cubos hay. Traza los números y la palabra. Cuenta y di cuántos zapatos hay. Traza los números.

Capítulo 8 • Lección 2

1

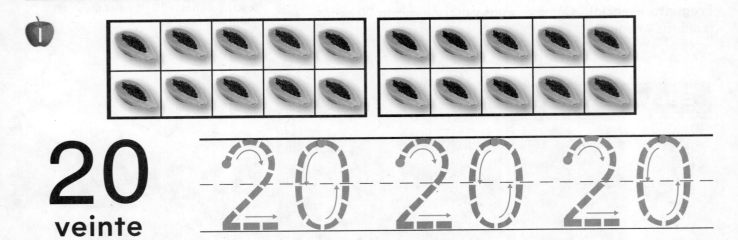

20
veinte

2

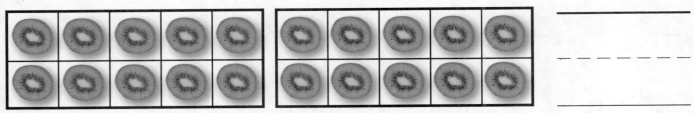

3 ✓

4 ✓

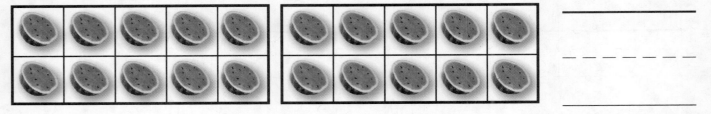

INSTRUCCIONES I. Cuenta y di cuántas frutas hay. Traza los
números mientras las dices. **2–4.** Cuenta y di cuántas frutas hay.
Escribe el número.

436 cuatrocientos treinta y seis

© Houghton Mifflin Harcourt Publishing Company • Image Credits: (bc) ©Artville/Getty Images; (tc) ©Digital Vision/Getty Images

5

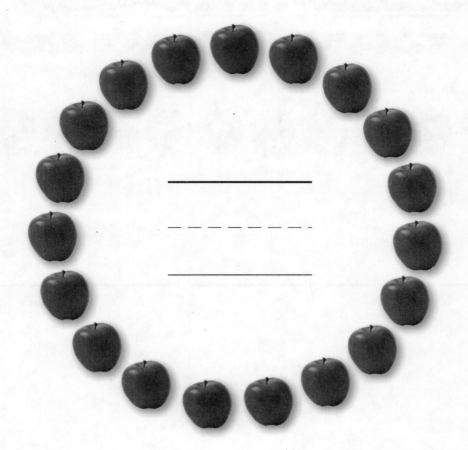

_____

- - - - - - - - - -

_____

6

_____

- - - - - - - - - -

_____

INSTRUCCIONES 5–6. Cuenta y di cuántas frutas hay. Escribe el número.

Resolución de problemas · Aplicaciones En el mundo

7 〇 〇 〇 〇 〇 〇 〇 〇 〇 〇

18

19

20

8

_____

– – – – – – – –

_____

INSTRUCCIONES 7. David sirvió frutas en su fiesta. Encierra en un círculo un número para mostrar cuántas frutas sirvió. Dibuja las frutas que faltan para mostrar ese número. **8.** Dibuja un conjunto cuyo número de objetos sea uno mayor que 19. Escribe cuántos objetos hay en el conjunto. Cuéntale a un amigo sobre tu dibujo.

ACTIVIDAD PARA LA CASA · Pida a su niño que use objetos pequeños, como piedritas o botones, para mostrar el número 20. Luego pídale que escriba el número en un papel.

Contar y escribir hasta 20

Objetivo de aprendizaje Contarás y escribirás hasta 20 en palabras y con números enteros.

1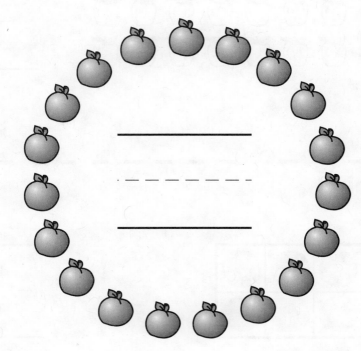

_____

- - - - - - - - - - -

_____

2

_____

- - - - - - - - - - -

_____

INSTRUCCIONES 1–2. Cuenta y di cuántas frutas hay. Escribe el número.

Repaso de la lección

1

_____

- - - - - - - - - -

_____

Repaso en espiral

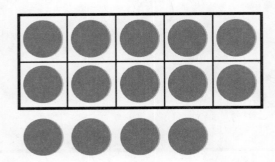

_____

- - - - - - - - - -

_____

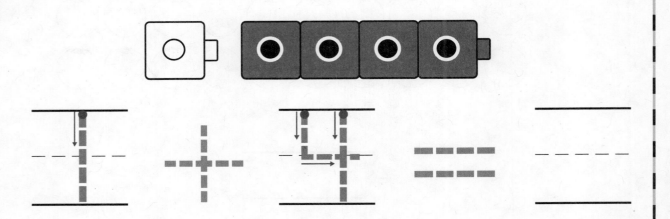

_____

- - - - - - - - - -

© Houghton Mifflin Harcourt Publishing Company

INSTRUCCIONES   1–2. Cuenta y di cuántas hay. Escribe el
número.   **3.** Completa el enunciado de suma para mostrar
los números que se emparejan con el tren de cubos.

440   cuatrocientos cuarenta

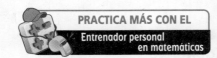
PRACTICA MÁS CON EL
Entrenador personal
en matemáticas

Nombre _____

Contar y ordenar hasta 20

Pregunta esencial ¿Cómo cuentas hacia adelante hasta 20 desde un número dado?

Objetivo de aprendizaje Contarás hacia adelante de unidad en unidad hasta 20 a partir de un número dado.

Escucha y dibuja · Manos a la obra

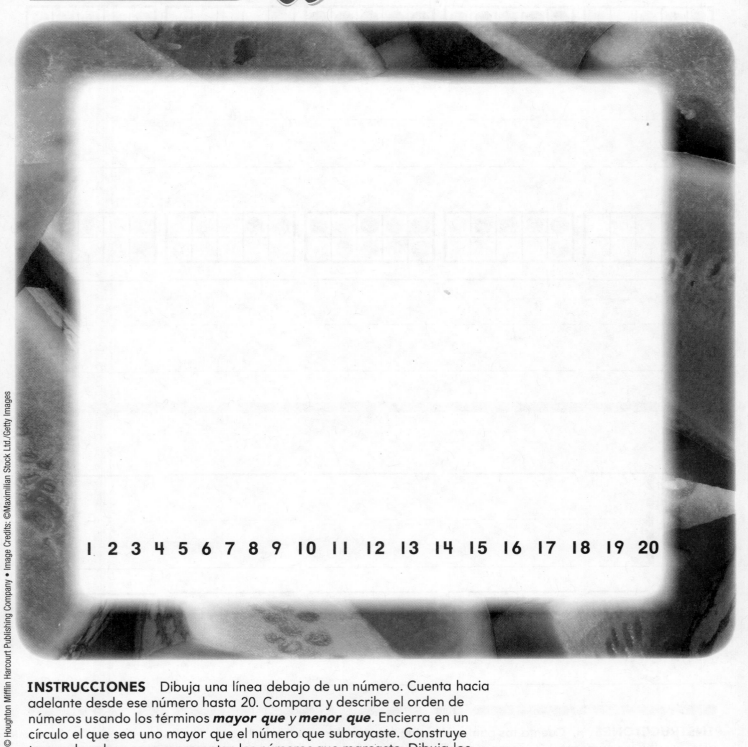

1 2 3 4 5 6 7 8 9 10 11 12 13 14 15 16 17 18 19 20

INSTRUCCIONES Dibuja una línea debajo de un número. Cuenta hacia adelante desde ese número hasta 20. Compara y describe el orden de números usando los términos *mayor que* y *menor que*. Encierra en un círculo el que sea uno mayor que el número que subrayaste. Construye trenes de cubos para representar los números que marcaste. Dibuja los trenes de cubos. Encierra en un círculo el tren de cubos más grande.

Capítulo 8 • Lección 3

cuatrocientos cuarenta y uno **441**

1 2 3 4 5 6 7 8 9 10 11 12 13 14 15 16 17 18 19 20

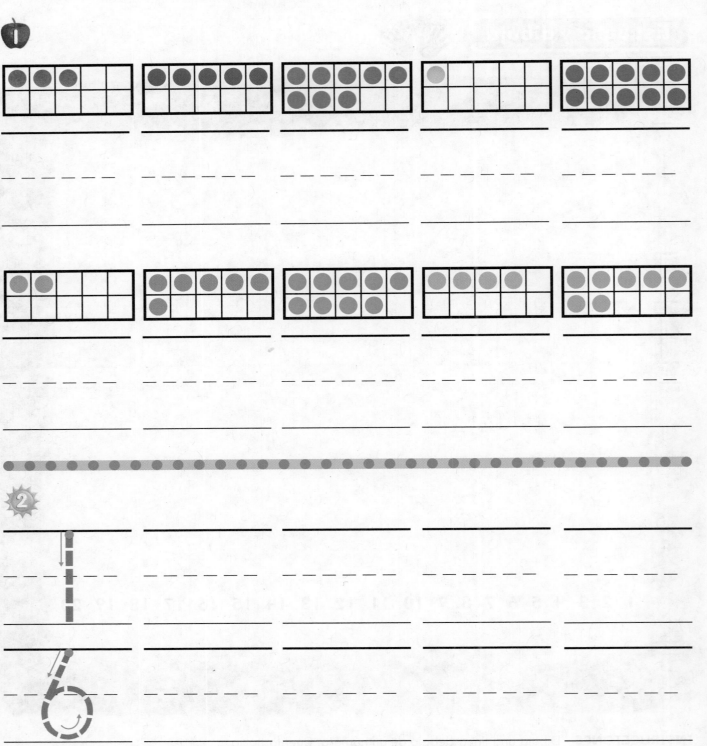

INSTRUCCIONES 1. Cuenta los puntos de cada color en los cuadros de diez. Escribe los números. 2. Traza y escribe esos números en orden.

442 cuatrocientos cuarenta y dos

3 ✓

_____ _____ _____ _____ _____

- - - - - - - - - - - - - - - - - - - - - - - - - - - - - -

_____ _____ _____ _____ _____

- - - - - - - - - - - - - - - - - - - - - - - - - - - - - -

4

INSTRUCCIONES 3. Cuenta los puntos de cada color en los cuadros de diez. Escribe los números. 4. Traza y escribe esos números en orden.

Resolución de problemas • Aplicaciones En el mundo

ESCRIBE

5

1	2	_ _ _	4	5
6	7	8	9	_ _ _
11	_ _ _	13	14	15
16	17	_ _ _	19	20

INSTRUCCIONES 5. Escribe para mostrar los números en orden. Cuenta hacia adelante desde uno de los números que escribiste hasta 20.

ACTIVIDAD PARA LA CASA • Dé a su niño un conjunto de 11 objetos, un conjunto de 12 objetos y un conjunto de 13 objetos. Pídale que cuente los objetos de cada conjunto y ponga los conjuntos de menor a mayor.

Contar y ordenar hasta 20

Objetivo de aprendizaje Contarás hacia adelante de unidad en unidad hasta 20 a partir de un número dado.

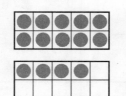 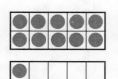 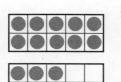 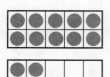 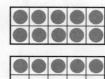

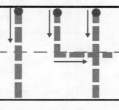 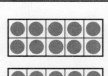 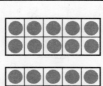 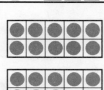 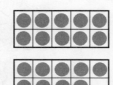

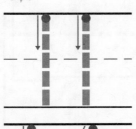

INSTRUCCIONES **I.** Cuenta los puntos en cada conjunto de cuadros de diez. Traza o escribe los números. **2.** Traza y escribe esos números en orden.

Repaso de la lección

Repaso en espiral

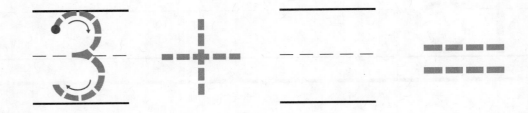

INSTRUCCIONES 1. Cuenta hacia adelante. Traza y escribe los números en orden. **2.** Cuenta un problema de suma sobre los gatos. Encierra en un círculo los gatos que se agregan al grupo. Traza y escribe para completar el enunciado de suma. **3.** ¿Cuántas gomas hay? Escribe el número.

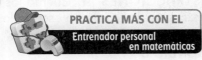

PRACTICA MÁS CON EL
Entrenador personal
en matemáticas

Nombre _____

Resolución de problemas • Comparar números hasta el 20

Pregunta esencial ¿Cómo resuelves problemas usando la estrategia de *haz un modelo*?

Objetivo de aprendizaje Usarás la estrategia de *hacer un modelo* al comparar conjuntos de cubos para resolver problemas.

Soluciona el problema

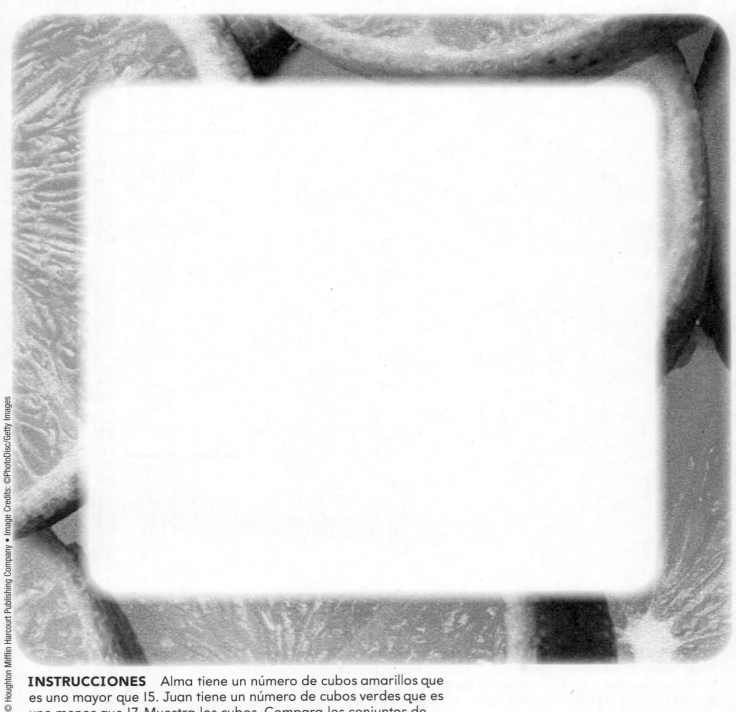

INSTRUCCIONES Alma tiene un número de cubos amarillos que es uno mayor que 15. Juan tiene un número de cubos verdes que es uno menor que 17. Muestra los cubos. Compara los conjuntos de cubos. Dibuja los cubos. Cuéntale a un amigo sobre tu dibujo.

Capítulo 8 • Lección 4

Haz otro problema

INSTRUCCIONES 1. Kiara tiene 18 manzanas. Ella tiene un número de manzanas que es dos más que las de Cristóbal. Haz el modelo de los conjuntos de manzanas usando cubos. Compara los conjuntos. ¿Qué conjunto es más grande? Dibuja los cubos. Escribe cuántos hay en cada conjunto. Encierra en un círculo el número mayor. Cuéntale a un amigo cómo comparaste los números.

448 cuatrocientos cuarenta y ocho

Nombre _____

2

_____

- - - - - - - - - -

_____

_____

- - - - - - - - - -

_____

INSTRUCCIONES 2. Salomé tiene 19 naranjas. Zion tiene un número de naranjas que es dos menos que las de Salomé. Haz el modelo de los conjuntos de naranjas usando cubos y compáralos. ¿Cuál es más pequeño? Dibuja los cubos. Escribe cuántos hay en cada conjunto. Encierra en un círculo el número menor. Explícale a un amigo cómo comparaste los números.

ACTIVIDAD PARA LA CASA • Pida a su niño que cuente dos conjuntos de objetos en su casa y que escriba cuántos hay en cada conjunto. Luego pídale que encierre en un círculo el número mayor. Repita con conjuntos de diferentes números.

✓ Revisión de la mitad del capítulo

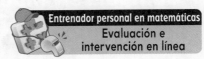
1

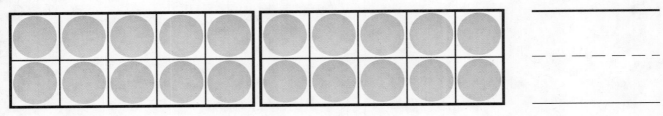

_____

2

_____   _____

_____   _____

3

_____   _____

_____   _____

4 PIENSA MÁS

15   16   17   18 | 19 |
                    | 20 |

INSTRUCCIONES   1. Cuenta y di cuántas hay. Escribe el número. **2.** Escribe cuántas frutas hay en cada ilustración. Encierra en un círculo el número que sea menor. **3.** Escribe cuántas frutas hay en cada ilustración. Encierra en un círculo el número que sea mayor. **4.** ¿Cuál es el próximo número en orden de conteo? Encierra el número en un círculo.

Nombre_____

Resolución de problemas •
Comparar números hasta el 20

Objetivo de aprendizaje Usarás la estrategia de *hacer un modelo* al comparar conjuntos de cubos para resolver problemas.

INSTRUCCIONES **1.** Teni tiene 16 bayas. Tiene un número de bayas que es dos más que el de Marta. Usa cubos para hacer el modelo de los conjuntos de bayas. Compara los conjuntos. ¿Qué conjunto es más grande? Dibuja los cubos. Escribe cuántos hay en cada conjunto. Encierra en un círculo el número mayor. Cuéntale a un amigo cómo comparaste los números. **2.** Ben tiene 18 peras. Sophia tiene un número de peras que es dos menos que el de Ben. Usa cubos para hacer el modelo de los conjuntos de peras. Compara los conjuntos. ¿Qué conjunto es más pequeño? Dibuja los cubos. Escribe cuántos hay en cada conjunto. Encierra en un círculo el número menor. Cuéntale a un amigo cómo comparaste los números.

Repaso de la lección

_____

- - - - - - - - - - -

_____

_____

- - - - - - - - - - -

_____

Repaso en espiral

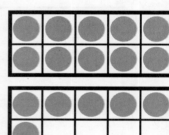

_____

- - - - - - - - - - -

_____

INSTRUCCIONES 1. Jim tiene 20 uvas. Mia tiene un número de uvas que es dos menos que el de Jim. Usa cubos para hacer el modelo de los conjuntos de uvas. Compara los conjuntos. ¿Cuál es más pequeño? Dibuja los cubos. Escribe cuántos hay en cada conjunto. Encierra en un círculo el número menor. **2.** Cuenta y di cuántas fichas hay. **3.** Cuenta las fichas en cada conjunto. Encierra en un círculo el conjunto que tiene el mayor número de fichas.

PRACTICA MÁS CON EL
Entrenador personal en matemáticas

Contar hasta 50 de unidad en unidad

Pregunta esencial ¿Cómo te ayuda el orden de los números a contar hasta 50 de unidad en unidad?

Objetivo de aprendizaje Sabrás cómo el orden de los números te ayuda a contar hasta 50 de unidad en unidad.

Escucha y dibuja

1	2	3	4	5	6	7	8	9	10
11	12	13	14	15	16	17	18	19	20
21	22	23	24	25	26	27	28	29	30
31	32	33	34	35	36	37	38	39	40
41	42	43	44	45	46	47	48	49	50

INSTRUCCIONES Señala cada número mientras cuentas hasta 50. Traza un círculo alrededor del número 50.

1

1	2	3	4	5	6	7	8	9	10
11	12	13	14	15	16	17	18	19	20
21	22	23	24	25	26	27	28	29	30
31	32	33	34	35	36	37	38	39	40
41	42	43	44	45	46	47	48	49	50

INSTRUCCIONES 1. Señala cada número mientras cuentas hasta 50. Encierra en un círculo el número 15. Empieza en 15 y cuenta hacia adelante hasta 50. Dibuja una línea debajo del número 50.

1	2	3	4	5	6	7	8	9	10
11	12	13	14	15	16	17	18	19	20
21	22	23	24	25	26	27	28	29	30
31	32	33	34	35	36	37	38	39	40
41	42	43	44	45	46	47	48	49	50

INSTRUCCIONES 2. Mira a otro lado y señala cualquier número. Encierra en un círculo ese número. Cuenta hacia adelante desde ese número. Dibuja una línea debajo del número 50.

Capítulo 8 • Lección 5 cuatrocientos cincuenta y cinco **455**

Resolución de problemas • Aplicaciones En el mundo

3

ESCRIBE

1	2	3	4	5	6	7	8	9	10
11	12	13	14	15	16	17	18	19	20
21	22	23	24	25	26	27	28	29	30
31	32	33	34	35	36	37	38	39	40
41	42	43	44	45	46	47	48	49	50

INSTRUCCIONES   3. Soy mayor que 17 y menor que 19. ¿Qué número soy? Colorea de azul ese número. Soy mayor que 24 y menor que 26. ¿Qué número soy? Colorea de rojo ese número.

ACTIVIDAD PARA LA CASA • Piense en un número entre 1 y 50. Describa el número diciendo **mayor que** y **menor que**. Pida a su niño que diga el número.

Contar hasta 50 de unidad en unidad

Objetivo de aprendizaje Sabrás cómo el orden de los números te ayuda a contar hasta 50 de unidad en unidad.

1	2	3	4	5	6	7	8	9	10
11	12	13	14	15	16	17	18	19	20
21	22	23	24	25	26	27	28	29	30
31	32	33	34	35	36	37	38	39	40
41	42	43	44	45	46	47	48	49	50

INSTRUCCIONES 1. Mira hacia otro lado y señala cualquier número. Encierra en un círculo ese número. Cuenta hacia adelante desde ese número. Dibuja una línea debajo del número 50.

Repaso de la lección

1	2	3	4	5	6	7	8	9	10
11	12	13	14	15	16	17	18	19	20
21	22	23	24	25	26	27	28	29	30

Repaso en espiral

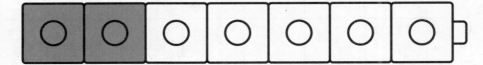

$$7 = \underline{\hspace{1.5cm}} + \underline{\hspace{1.5cm}}$$

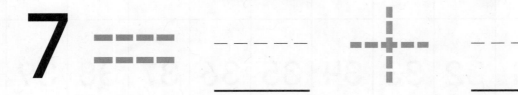

$$10 - 3 = \underline{\hspace{1.5cm}}$$

© Houghton Mifflin Harcourt Publishing Company

INSTRUCCIONES **1.** Empieza con 1 y cuenta hacia adelante hasta 20. ¿Cuál es el siguiente número? Dibuja una línea debajo de ese número. **2.** Completa el enunciado de suma para mostrar los números que se relacionan con el tren de cubos. **3.** Shelley tiene 10 fichas. Tres de las fichas son blancas. Las demás son grises. ¿Cuántas son grises? Completa el enunciado de resta para mostrar la respuesta.

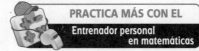
PRACTICA MÁS CON EL
Entrenador personal
en matemáticas

Nombre _____

Contar hasta 100 de unidad en unidad

Pregunta esencial ¿Cómo te ayuda el orden de los números a contar hasta 100 de unidad en unidad?

Objetivo de aprendizaje Sabrás cómo el orden de los números te ayuda a contar hasta 100 de unidad en unidad.

Escucha y dibuja

1	2	3	4	5	6	7	8	9	10
11	12	13	14	15	16	17	18	19	20
21	22	23	24	25	26	27	28	29	30
31	32	33	34	35	36	37	38	39	40
41	42	43	44	45	46	47	48	49	50
51	52	53	54	55	56	57	58	59	60
61	62	63	64	65	66	67	68	69	70
71	72	73	74	75	76	77	78	79	80
81	82	83	84	85	86	87	88	89	90
91	92	93	94	95	96	97	98	99	100

INSTRUCCIONES Señala cada número mientras cuentas hasta 100. Traza un círculo alrededor del número 100.

1	2	3	4	5	6	7	8	9	10
11	12	13	14	15	16	17	18	19	20
21	22	23	24	25	26	27	28	29	30
31	32	33	34	35	36	37	38	39	40
41	42	43	44	45	46	47	48	49	50
51	52	53	54	55	56	57	58	59	60
61	62	63	64	65	66	67	68	69	70
71	72	73	74	75	76	77	78	79	80
81	82	83	84	85	86	87	88	89	90
91	92	93	94	95	96	97	98	99	100

INSTRUCCIONES 1. Señala cada número mientras cuentas hasta 100. Encierra en un círculo el número 11. Empieza en 11 y cuenta hacia adelante hasta 100. Dibuja una línea debajo del número 100.

1	2	3	4	5	6	7	8	9	10
11	12	13	14	15	16	17	18	19	20
21	22	23	24	25	26	27	28	29	30
31	32	33	34	35	36	37	38	39	40
41	42	43	44	45	46	47	48	49	50
51	52	53	54	55	56	57	58	59	60
61	62	63	64	65	66	67	68	69	70
71	72	73	74	75	76	77	78	79	80
81	82	83	84	85	86	87	88	89	90
91	92	93	94	95	96	97	98	99	100

INSTRUCCIONES 2. Señala cada número mientras cuentas hasta 100. Mira a otro lado y señala cualquier número. Encierra en un círculo ese número. Cuenta hacia adelante desde ese número hasta 100. Dibuja una línea debajo del número 100.

Resolución de problemas • Aplicaciones En el mundo

ESCRIBE

3

1	2	3	4	___	6	7	8	9	10
11	12	13	___	15	___	17	18	19	20
21	22	23	24	25	26	27	28	29	30

4

INSTRUCCIONES **3.** Pon el dedo en el número 15. Escribe o traza para mostrar los números "vecinos" del número 15. Di *mayor que* y *menor que* para describir los números. **4.** Dibuja para mostrar lo que sabes sobre otros números "vecinos" de la tabla.

ACTIVIDAD PARA LA CASA • Muestre a su niño un calendario. Señale un número del calendario. Pídale que le diga todos los números "vecinos" de ese número.

Nombre_____

Contar hasta 100 de unidad en unidad

Objetivo de aprendizaje Sabrás cómo el orden de los números te ayuda a contar hasta 100 de unidad en unidad.

1	2	3	4	5	6	7	8	9	10
11	12	13	14	15	16	17	18	19	20
21	22	23	24	25	26	27	28	29	30
31	32	33	34	35	36	37	38	39	40
41	42	43	44	45	46	47	48	49	50
51	52	53	54	55	56	57	58	59	60
61	62	63	64	65	66	67	68	69	70
71	72	73	74	75	76	77	78	79	80
81	82	83	84	85	86	87	88	89	90
91	92	93	94	95	96	97	98	99	100

INSTRUCCIONES 1. Señala cada número mientras cuentas hasta 100. Mira a otro lado y señala cualquier número. Encierra en un círculo ese número. Cuenta hacia adelante hasta 100 desde ese número. Dibuja una línea debajo del número 100.

Repaso de la lección

1

71	72	73	74	75	76	77	78	79	80
81	82	83	84	85	86	87	88	89	90
91	92	93	94	95	96	97	98	99	100

Repaso en espiral

2

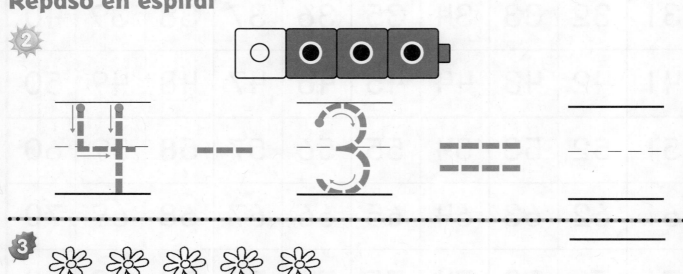

4 -- 3 === _____

3

_____

_____

_____

_____

INSTRUCCIONES **1.** Empieza con 71 y cuenta hacia adelante hasta 80. ¿Cuál es el siguiente número? Dibuja una línea debajo de ese número. **2.** Pete hace el tren de cubos que se muestra. Él separa los cubos del tren para mostrar cuántos cubos son grises. Completa el enunciado de resta para mostrar el tren de cubos de Pete. **3.** Cuenta cuántas flores hay. Escribe el número. Haz un dibujo para mostrar un conjunto de fichas que tenga el mismo número que el conjunto de flores. Escribe el número.

PRACTICA MÁS CON EL
Entrenador personal en matemáticas

Nombre _____

Contar hasta 100 de decena en decena

Pregunta esencial ¿Cómo te ayuda el orden de los números a contar hasta 100 de decena en decena?

Objetivo de aprendizaje Contarás hasta 100 de decena en decena en un cuadro de cien.

Escucha y dibuja

1	2	3	4	5	6	7	8	9	10
11	12	13	14	15	16	17	18	19	20
21	22	23	24	25	26	27	28	29	30
31	32	33	34	35	36	37	38	39	40
41	42	43	44	45	46	47	48	49	50
51	52	53	54	55	56	57	58	59	60
61	62	63	64	65	66	67	68	69	70
71	72	73	74	75	76	77	78	79	80
81	82	83	84	85	86	87	88	89	90
91	92	93	94	95	96	97	98	99	100

INSTRUCCIONES Traza un círculo alrededor de los números que terminen en 0. Cuenta esos números en orden, empezando desde 10. Dile a un amigo cómo cuentas.

© Houghton Mifflin Harcourt Publishing Company • Image Credits: ©Corbis

1	2	3	4	5	6	7	8	9	_____
11	12	13	14	15	16	17	18	19	_____
21	22	23	24	25	26	27	28	29	30
31	32	33	34	35	36	37	38	39	40
41	42	43	44	45	46	47	48	49	50

INSTRUCCIONES I. Escribe los números para completar el orden de conteo hasta 20. Traza los números para completar el orden de conteo hasta 50. Cuenta de decena en decena mientras señalas los números que escribiste y trazaste.

51	52	53	54	55	56	57	58	59	60
61	62	63	64	65	66	67	68	69	70
71	72	73	74	75	76	77	78	79	80
81	82	83	84	85	86	87	88	89	90
91	92	93	94	95	96	97	98	99	100

INSTRUCCIONES 2. Traza los números para completar el orden de conteo hasta 100. Cuenta de decena en decena mientras señalas los números que trazaste.

Resolución de problemas · Aplicaciones En el mundo

ESCRIBE

3

1	2	3	4	5	6	7	8	9	------
11	12	13	14	15	16	17	18	19	------
21	22	23	24	25	26	27	28	29	30
31	32	33	34	35	36	37	38	39	40
41	42	43	44	45	46	47	48	49	50

INSTRUCCIONES **3.** Antonio tiene 10 canicas. Escribe el número en orden. Jasmine tiene diez canicas más que Antonio. Escribe ese número en orden. Lin tiene diez canicas más que Jasmine. Dibuja una línea debajo del número que muestre cuántas canicas tiene Lin. Cuando cuentas de decena en decena, ¿qué número viene después de 40? Encierra en un círculo ese número.

ACTIVIDAD PARA LA CASA · Muestre a su niño un calendario. Use trozos de papel para cubrir los números que terminen en 0. Pida a su niño que diga los números cubiertos. Luego pídale que quite los trozos de papel para revisar.

Nombre_____

Contar hasta 100 de decena en decena

Objetivo de aprendizaje Contarás hasta 100 de decena en decena en un cuadro de cien.

51	52	53	54	55	56	57	58	59	60
61	62	63	64	65	66	67	68	69	70
71	72	73	74	75	76	77	78	79	80
81	82	83	84	85	86	87	88	89	90
91	92	93	94	95	96	97	98	99	100

INSTRUCCIONES I. Traza los números para completar el orden de conteo hasta 100. Cuenta de decena en decena a medida que señalas los números que trazaste.

Repaso de la lección

1	2	3	4	5	6	7	8	9	10
11	12	13	14	15	16	17	18	19	20
21	22	23	24	25	26	27	28	29	30

Repaso en espiral

_____

- - - - - - - - - - - - - -

_____

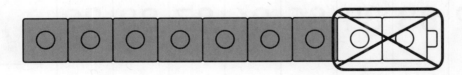

INSTRUCCIONES   **1.** Cuenta de decena en decena mientras señalas los números en los cuadros sombreados. Empieza con el número 10. ¿Con qué número terminas? Subraya ese número.   **2.** ¿Cuántas fichas cuadradas hay? Escribe el número.   **3.** Completa el enunciado de resta que se relaciona con el tren de cubos.

PRACTICA MÁS CON EL
**Entrenador personal
en matemáticas**

Nombre _____

Contar de decena en decena

Pregunta esencial ¿Cómo puedes usar conjuntos de decenas para contar hasta 100?

Objetivo de aprendizaje Usarás conjuntos de decenas para contar hasta 100.

Escucha y dibuja En el mundo

© Houghton Mifflin Harcourt Publishing Company • Image Credits: ©Artville/Getty Images

INSTRUCCIONES Señala cada conjunto de torres de cubos mientras cuentas de decena en decena. Traza los números mientras cuentas de decena en decena.

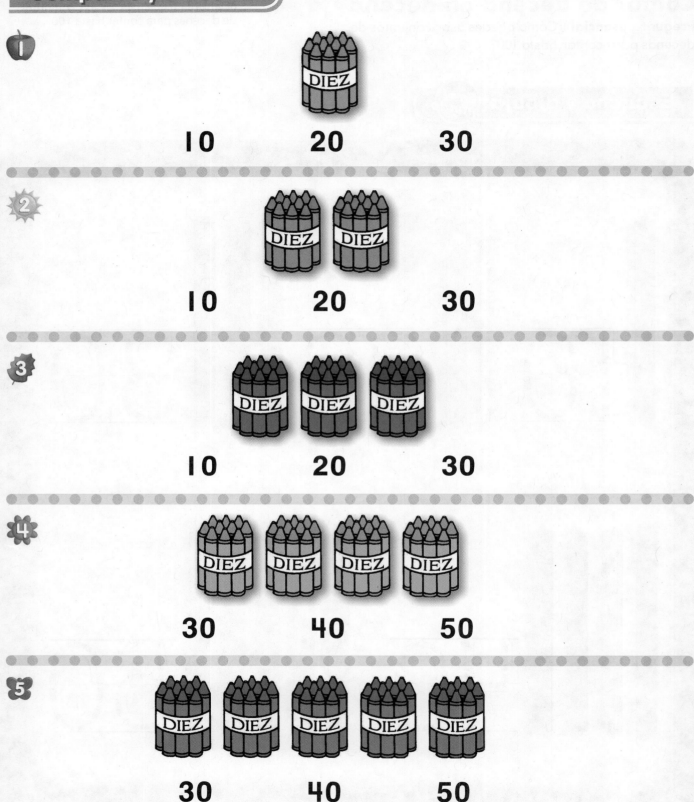

1

10   20   30

2

10   20   30

3

10   20   30

4

30   40   50

5

30   40   50

INSTRUCCIONES 1–5. Señala cada conjunto de 10 mientras cuentas de decena en decena. Encierra en un círculo el número que muestre cuántos hay.

6

60   **70**   **80**

7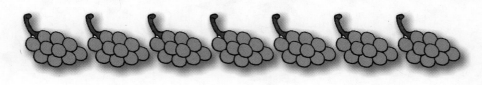

60   **70**   **80**

8

80   **90**   **100**

9

80   **90**   **100**

10

80   **90**   **100**

INSTRUCCIONES 6–10. Señala cada conjunto de 10 mientras cuentas de decena en decena. Encierra en un círculo el número que muestre cuántos hay.

Resolución de problemas • Aplicaciones En el mundo

ESCRIBE

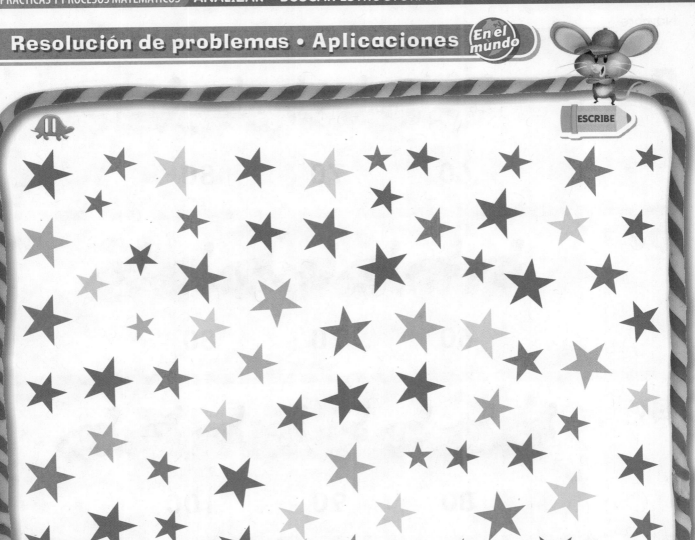

INSTRUCCIONES 11. Encierra en un círculo conjuntos de 10 estrellas. Cuenta los conjuntos de estrellas de decena en decena.

ACTIVIDAD PARA LA CASA • Dé a su niño monedas o botones y diez vasos. Pídale que ponga diez monedas en cada vaso. Luego pídale que señale cada vaso mientras cuenta de decena en decena hasta 100.

474 cuatrocientos setenta y cuatro

Contar de decena en decena

Objetivo de aprendizaje Usarás conjuntos
de decenas para contar hasta 100.

1

20   30   40

2

30   40   50

3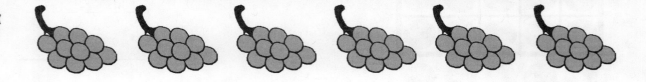

60   70   80

4

80   90   100

5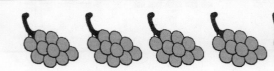

80   90   100

INSTRUCCIONES   1–5. Señala cada conjunto de 10 mientras cuentas de
decena en decena. Encierra en un círculo el número que muestre cuántos hay.

Repaso de la lección

60   70   80

Repaso en espiral

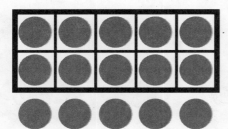

_____

- - - - - - - - - - -

_____

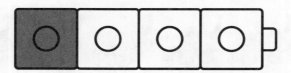

4 === ____ ＋ ____

© Houghton Mifflin Harcourt Publishing Company

INSTRUCCIONES **I.** Señala cada conjunto de 10 mientras cuentas de decena en decena. Encierra en un círculo el número que muestre cuántos crayones hay. **2.** Cuenta y di cuántas fichas hay. Escribe el número. **3.** Completa el enunciado de suma para relacionarlo con el tren de cubos.

PRACTICA MÁS CON EL
Entrenador personal
en matemáticas

476 cuatrocientos setenta y seis

Repaso y prueba del Capítulo 8

 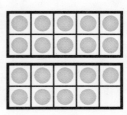 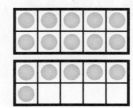 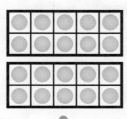

•   •   •

•   •   •

20   19   16

_____

- - - - - - - - -

_____

 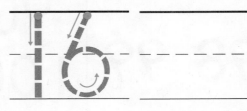 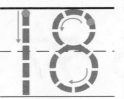 

INSTRUCCIONES **1.** Traza una línea desde cada conjunto de cuadros de diez hasta el número que diga cuántas fichas hay. **2.** Sandy tiene 20 cuentas. Encierra en un círculo las cuentas que tiene. Escribe el número de cuentas. **3.** Empieza en 16. Cuenta hacia delante. Traza y escribe los números en orden.

4

18

○　　　　　○　　　　　○　　　　　○

5

31	32	33	34	35	36	37	38	39	40
41	42	43	44	45	46	47	48	49	50

6

94　95　96　97　98　99

90
100

INSTRUCCIONES **4.** Escoge los conjuntos cuyo número de sandías sea menor que 18. **5.** Empieza en 31. Señala cada número mientras cuentas. Dibuja una línea debajo del último número que cuentes. **6.** Señala cada número mientras cuentas. Encierra en un círculo el número que sigue en el orden de conteo.

81	82	83	84	85	86	87	88	89	90
91	92	93	94	95	96	97	98	99	100

50   60   70   80

○   ○   ○   ○

Entrenador personal en matemáticas

9 PIENSA MÁS +

_____

– – – – – – – –

_____

INSTRUCCIONES 7. Encierra en un círculo los números que terminan en cero. **8.** Cuenta los crayones de decena en decena. Marca el número que muestre cuántos hay. **9.** Dexter tiene 20 lápices. Tiene un número de lápices que es 1 más que los que tiene Jane. Dibuja los lápices que tiene Jane. Escribe el número.

13	14	15	Sí	No
11	15	12	Sí	No
16	17	18	Sí	No

11   10   30 40 50

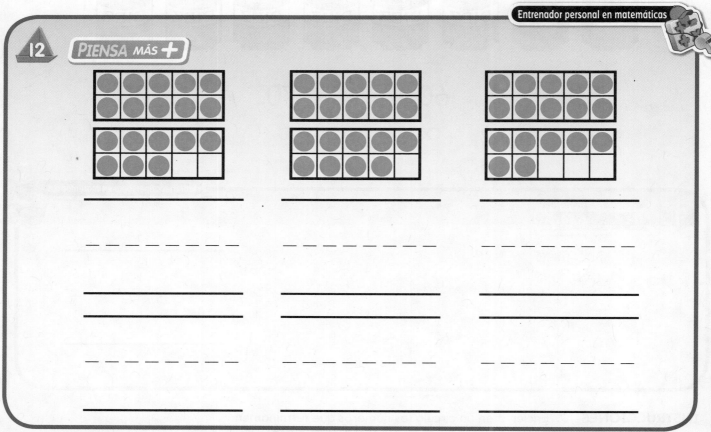

12 **PIENSA** MÁS +

Entrenador personal en matemáticas

_____ _____ _____

- - - - - - - - - - - - - - -

_____ _____ _____

- - - - - - - - - - - - - - -

- - - - - - - - - - - - - - -

_____ _____ _____

INSTRUCCIONES 10. ¿Están los números en orden de conteo? Encierra en un círculo Sí o No. **11.** Cuenta de decena en decena. Traza y escribe para completar el orden de conteo. **12.** ¿Qué número muestra cada conjunto de fichas? Escribe los números. Luego escribe los números en orden de conteo.

480 cuatrocientos ochenta

Glosario ilustrado

al lado de [next to]

El arbusto está **al lado del** árbol.

apilar [stack]

arriba, encima [above]

La cometa está **por encima** del conejo.

categoría [category]

frutas

juguetes

catorce [fourteen]

cero, ninguno [zero, none]

cero peces

cien [one hundred]

1	2	3	4	5	6	7	8	9	10
11	12	13	14	15	16	17	18	19	20
21	22	23	24	25	26	27	28	29	30
31	32	33	34	35	36	37	38	39	40
41	42	43	44	45	46	47	48	49	50
51	52	53	54	55	56	57	58	59	60
61	62	63	64	65	66	67	68	69	70
71	72	73	74	75	76	77	78	79	80
81	82	83	84	85	86	87	88	89	90
91	92	93	94	95	96	97	98	99	100

cilindro [cylinder]

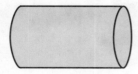

cinco [five]

cincuenta [fifty]

1	2	3	4	5	6	7	8	9	10
11	12	13	14	15	16	17	18	19	20
21	22	23	24	25	26	27	28	29	30
31	32	33	34	35	36	37	38	39	40
41	42	43	44	45	46	47	48	49	50

círculo [circle]

clasificar [classify]

manzanas

no son manzanas

color [color]

rojo
[red]

azul
[blue]

amarillo
[yellow]

verde
[green]

anaranjado
[orange]

comparar [compare]

cono [cone]

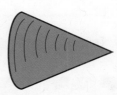

cuadrado [square]

cuatro [four]

cubo [cube]

curva [curve]

de la misma altura
[same height]

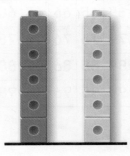

de la misma longitud [same length]

debajo [below]

El conejo está **debajo** de la cometa.

decenas [tens]

1	2	3	4	5	6	7	8	9	10
11	12	13	14	15	16	17	18	19	20
21	22	23	24	25	26	27	28	29	30
31	32	33	34	35	36	37	38	39	40
41	42	43	44	45	46	47	48	49	50
51	52	53	54	55	56	57	58	59	60
61	62	63	64	65	66	67	68	69	70
71	72	73	74	75	76	77	78	79	80
81	82	83	84	85	86	87	88	89	90
91	92	93	94	95	96	97	98	99	100

↑
decenas

del mismo peso [same weight]

deslizar [slide]

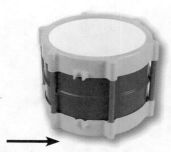

detrás [behind]

La caja está **detrás** de la niña.

diecinueve [nineteen]

dieciocho [eighteen]

dieciséis [sixteen]

diecisiete [seventeen]

diez [ten]

diferente [different]

doce [twelve]

dos [two]

el mismo número
[same number]

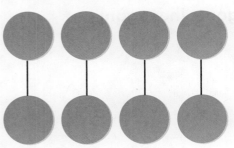

emparejar [match]

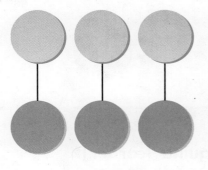

enfrente [in front of]

La caja está **enfrente** de la niña.

es igual a [is equal to]

3 + 2 = 5

3 + 2 **es igual a** 5

esfera [sphere]

esquina [corner]

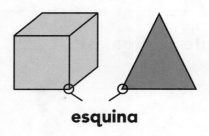

esquina

figuras bidimensionales
[two–dimensional shapes]

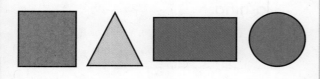

figuras tridimensionales
[three–dimensional shapes]

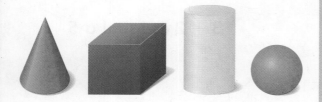

forma/figura [shape]

gráfica [graph]

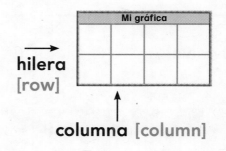

hilera
[row]

columna [column]

grande [big]

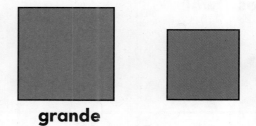

grande

hexágono [hexagon]

igual [alike]

junto a [beside]

El árbol está **junto al** arbusto.

lado [side]

lado

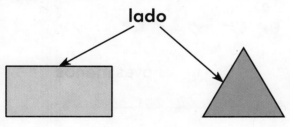

lados de la misma longitud
[sides of equal length]

más [more]

2 hojas **más**

más + [plus]

2 **más** 1 es igual a 3.

2 + 1 = 3

más alto [taller]

más alto

más corto [shorter]

más corto

más grande [larger]

2   3

Una cantidad de 3 es **más grande** que una cantidad de 2.

más largo [longer]

 **más largo**

más liviano [lighter]

más liviano

más pesado [heavier]

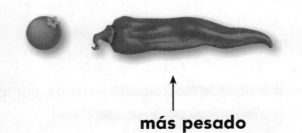

más pesado

mayor [greater]

9 es **mayor** que 6

6
9

menor/menos [less]

9 es **menor** que 11

9
11

menos [fewer]

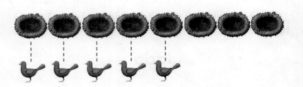

3 aves **menos**

menos – [minus]

$4 - 3 = 1$

4 **menos** 3 es igual a 1

nueve [nine]

ocho [eight]

once [eleven]

pares [pairs]

3

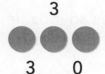

3	0
2	1
1	2
0	3

pares de números que forman 3

pequeño [small]

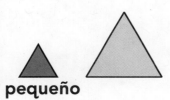

pequeño

plano [flat]

Un círculo es una figura plana.

quince [fifteen]

rectángulo [rectangle]

restar [subtract]

Resta para descubrir cuántos quedan.

rodar [roll]

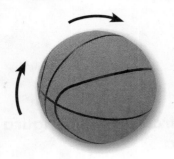

seis [six]

siete [seven]

sólido [solid]

sólido

El cilindro es una figura **sólida**.

sumar [add]

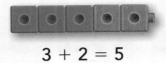

3 + 2 = 5

superficie curva
[curved surface]

Algunos sólidos tienen una **superficie curva**.

superficie plana [flat surface]

Algunos sólidos tienen una **superficie plana**.

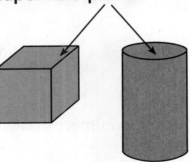

tamaño [size]

↑ grande ↑ pequeña

---

trece [thirteen]

---

tres [three]

---

triángulo [triangle]

unidades [ones]

3 unidades

---

uno [one]

---

veinte [twenty]

---

vértice [vertex]

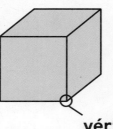

→ vértice

vértices [vertices]

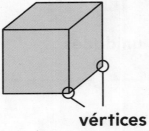

vértices

---

y [and]

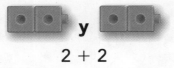

y

2 + 2

Índice